高等职业教育**计算机类专业**系列教材

（人工智能技术应用专业）

计算机网络基础

主　编　冯　超
副主编　赵玉华（企业）

重庆大学出版社

内容提要

本书主要包含 5 个模块:初识计算机网络、网络的秘密、网络设计师之路、畅游互联网、网络管理员的自我修养。全书注重理论联系实际,将知识学习和技能培养相结合,将计算机网络整体体系结构和各分支知识合理结合,可帮助读者快速掌握传输介质制作、网络 IP 规划、基础网络搭建、网络设备常用设置等知识点和技能点,并对组网、建网、用网、管网的计算机网络知识体系有一个全面的了解。

本书可作为高等职业院校电子信息大类各专业的基础教材,也可作为计算机网络爱好者的自学参考用书。

图书在版编目(CIP)数据

计算机网络基础 / 冯超主编. -- 重庆 : 重庆大学
出版社, 2024. 11. -- (高等职业教育人工智能技术应用
专业系列教材). -- ISBN 978-7-5689-4893-7

Ⅰ. TP393

中国国家版本馆 CIP 数据核字第 2024CL0240 号

计算机网络基础

主 编 冯 超
副主编 赵玉华

责任编辑:秦旖旎　　版式设计:秦旖旎
责任校对:邹 忌　　责任印制:张 策

*

重庆大学出版社出版发行
出版人:陈晓阳
社址:重庆市沙坪坝区大学城西路 21 号
邮编:401331
电话:(023) 88617190　88617185(中小学)
传真:(023) 88617186　88617166
网址:http://www.cqup.com.cn
邮箱:fxk@ cqup.com.cn (营销中心)
全国新华书店经销
重庆正文印务有限公司印刷

*

开本:787mm×1092mm　1/16　印张:9.75　字数:240 千
2024 年 11 月第 1 版　　2024 年 11 月第 1 次印刷
印数:1—2 000
ISBN 978-7-5689-4893-7　定价:45.00 元

前言
Foreword

编者从事教育行业二十年，教授"计算机网络基础"这门课也已十年有余，经历了这门课从拿着粉笔纯讲理论知识到加入做双绞线、光纤热熔的动手实操，再到网络模拟器出现并迅速融入企业实训案例的完整过程。其间适逢高职院校大力兴起教学改革，如信息化改革、项目化改革、线上线下混合式改革、以教师教学能力大赛为标准的教学能力达标等，编者以课程负责人的身份完成了校级精品资源共享课、校级线上线下混合式教学课程、校级精品在线课程建设，并应用于教学。同时，与本书配套的在线课程已在智慧树平台上线。

教学工作中常面临各种困扰，早期是纯讲理论，较为枯燥、学生难理解原理，后期加入实操和网络模拟器实践项目后，则是整个网络体系太大，如何选取合适的内容让学生在有限的时间内学有所得且和其他网络课程有合适的边界。此外，教学过程中理论和实验教学的时间分配也是问题，要让学生掌握必备的理论知识，又不会因长时间只学理论知识而感到枯燥。基于以上思考，编者结合本人多年教学经验，以理论知识穿插实验的结构完成本书的编写，而不是采用理论知识和实操练习完全分离或者将所有章节均以实验的形式呈现并嵌入部分理论知识的方式。

早期研讨本课程教学内容时，大致的原则是关于计算机网络的知识什么都讲，但什么都不要讲太深，逐渐结合学生的反馈并学习同行的经验，最终确定要有侧重地进行重点详解，如 IP 地址相关知识、子网技术及网络规划作为理论知识的重点；双绞线制作和思科模拟器综合实验作为实验部分的重点，尤其现在一般采用过程性考核+平时成绩考核+期末成绩考核的综合考核方式，则可将双绞线制作和思科模拟器综合实验作为过程性考核项目穿插在教学期间，让学生有明确的阶段性目标，提高对重点知识的掌握度。本书主要包含 5 个模块：初识计算机网络（基础理论加传输介质实操）、网络的秘密（网络整体架构及 IP 地址相关知识）、网络设计师之路（网络设备功能及网络设备配置实训）、畅游互联网（互联网常见应用）、网络管理员的自我修养（网络故障排除及网络安全技术）。

本书配有微课视频,读者可直接进入智慧树在线课程平台搜索课程负责人"冯超"或课程名"计算机网络基础"进行学习;另有课程标准、教学课件、整体教学设计等资源可供读者和同行参考使用。在此感谢共同完成本课程视频和资源建设的课程团队成员李晓明、张峰、吴慧颖、高军、王丹!

本书为校企合作教材,合作企业为济南博赛网络技术有限公司,公司副总经理赵玉华参与了课程整体设计,并提供了企业真实案例,结合编者整体设计思路帮助完成书中实训的具体设计,在此对该企业表示感谢!

由于编者水平有限,书中难免有疏漏或不妥之处,恳请各位读者和专家批评指正。

编　者

2024 年 6 月

目录
Contents

模块1
初识计算机网络

任务 1.1 网络的概念、组建、分类

1.1.1 任务描述

计算机网络已经覆盖人们生活的方方面面,现代人的生活已经离不开网络。每天起床看天气预报,浏览热门新闻,在学习、工作中使用网络搜罗资料,闲暇时间刷一刷短视频、打打游戏,学习、工作之余搜索一下美食和旅游攻略,出行打车、订票更离不开网络。试想一下,没有网络,我们的生活会变成什么样? 但网络到底是什么? 又有什么功能呢? 让我们先来了解计算机网络的定义、计算机网络的功能、常见基础网络组建方式和计算机网络的分类,对计算机网络有个初步了解吧。

1.1.2 知识背景

1)计算机网络的定义

计算机网络是指利用通信线路和通信设备,把分布在不同地理位置、具有独立功能的多台计算机系统、终端及其附属设备互相连接,以功能完善的网络软件(网络操作系统和网络

通信协议等)实现资源共享和网络通信的计算机系统的集合,它是计算机技术和通信技术相结合的产物。

2)计算机网络的功能

①资源共享:共享网络上的硬件资源、软件资源和信息资源。

②数据通信:网络终端之间利用通信线路快速、可靠地相互传递各种信息,如数据、程序、文件、图形、图像、声音、视频流等。

※※特别说明:提到计算机网络的功能,很多读者会和计算机软件应用功能相混淆,比如,有的读者会认为计算机网络可以学习、购物、支付、娱乐、远程协助等,但事实上相关功能是由计算机软件通过网络实时通信,发布相关指令,交互数据,最终在软件层面实现的,而计算机网络本身只是提供了信号传输、信号与数据的转换以及检查数据的正确性等功能,所以计算机网络的基本功能只有资源共享和数据通信两个方面。

3)常见基础网络组建方式

(1)双机对等网

方式:两台计算机直接用网线连接并相互通信(图1.1.1)。

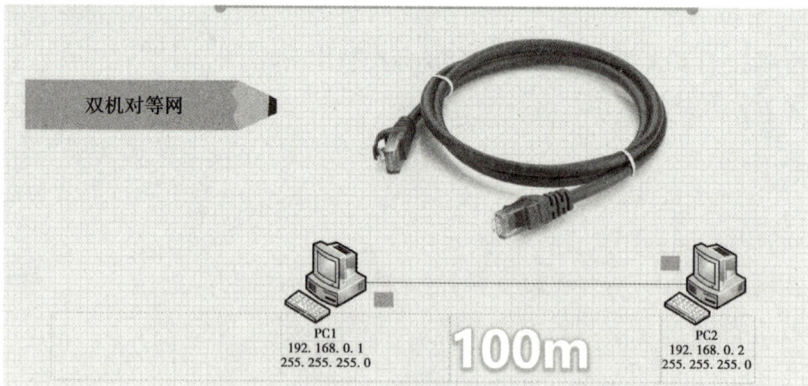

图 1.1.1　双机对等网

(2)多机对等网

方式:多台计算机通过网线和数据交换设备连接并相互通信(图1.1.2)。

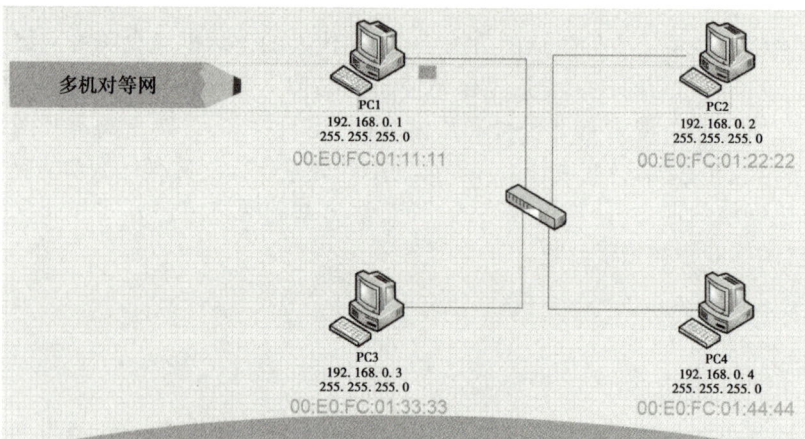

图 1.1.2　多机对等网

4)计算机网络的分类

计算机网络有不同的分类标准,如按网络覆盖的地理范围分类、按传输技术分类、按局域网的标准协议分类、按使用的传输介质分类、按网络的拓扑结构分类、按所使用的网络操作系统分类等。

本任务只介绍最常用的计算机网络分类标准,即按网络覆盖的地理范围分类。

①局域网(Local Area Network,LAN):一种在小范围内实现的计算机网络,一般指在一个建筑物内或一个工厂、一个单位内部。本书后面将进行详细介绍并进行相关的组建实训。

②城域网(Metropolitan Area Network,MAN):规模局限于一个城市范围内,覆盖的地理范围可从几十千米到上百千米,是一种中等规模的网络。目前该概念已经淡化,较少见到相关网络模型,本书不再进行介绍。

③广域网(Wide Area Network,WAN):覆盖的地理范围从数百千米至数千千米,甚至上万千米,可以是一个地区或一个国家,甚至世界几大洲,故又称远程网。

1.1.3　课后练习

一、填空题

1.计算机网络的功能是_____、_____。

2.计算机网络按网络覆盖的地理范围分类可分为_____、_____、_____。

二、简答题

简述计算机网络的定义。

任务 1.2　网络系统的组成

1.2.1　任务描述

计算机网络是一个复杂的系统,本任务将介绍计算机网络的系统组成、各组成部分的作用以及它们之间的关系。

1.2.2　知识背景

从计算机网络的实际构成来看,网络主要由网络硬件和网络软件两部分组成,如图1.2.1所示。

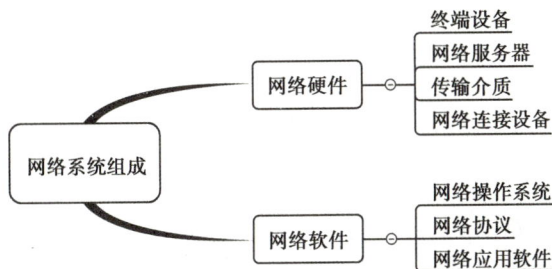

图 1.2.1　网络系统组成

1)网络硬件

网络硬件包括终端设备、网络服务器(Server)、传输介质和网络连接设备等。

终端设备是网络的主体,不仅仅是个人计算机,还包括手机、平板电脑和越来越多的智能家用电器等,终端设备是用户使用网络的工具。

网络服务器是网络的核心,它为用户提供网络服务和网络资源。服务器按照提供的服务不同被冠以不同的名称,常用的服务器有文件服务器、数据库服务器、打印服务器、邮件服务器等。

传输介质是网络通信用的信号线。常用的有线传输介质有双绞线和光纤;无线传输介质有红外线、微波、激光和蓝牙等。

网络连接设备用来实现网络中各计算机之间的连接、网络与网络的互连、数据信号的变换以及路由选择等功能,主要包括交换机、路由器、防火墙等。网络拓扑结构决定了网络中服务器和终端设备之间使用通信线路连接。

2)网络软件

网络软件包括网络操作系统、网络协议和网络应用程序。

网络操作系统一方面授权用户对网络资源进行访问,帮助用户方便、安全地使用网络,另一方面管理和调度网络资源,提供网络通信和用户所需的各种网络服务。网络操作系统作为用户和计算机网络之间的接口,除具有一般操作系统的并发性、共享性、虚拟性等特征外,还应具备支持多任务、大内存、对称多处理、网络负载均衡、远程管理等特点。随着计算机网络技术的发展,操作系统的种类日益丰富,功能也在不断升级和完善,主流的网络操作系统主要有 Windows Server 系列操作系统、Linux 操作系统等。

网络协议是实现计算机之间、网络之间相互识别并正确进行通信的一组标准和规则,这些规则明确地规定了所交换数据的格式和时序,这些规则使那些由不同厂商、不同操作系统组成的计算机只要遵循相同的协议就能实现相互通信。网络协议是计算机网络工作的基础。

网络协议主要由 3 个要素组成:语义、语法和时序(后面任务有详细介绍)。完整的通信流程会用到许多协议,操作系统可安装网络协议以支持网络通信功能,如最常用的 TCP/IP 协议簇中的协议,包括 DHCP、DNS、HTTP 等。

为了提供网络服务,开展各种网络应用,服务器和终端计算机还必须安装运行各种网络应用程序,如电子邮件程序、浏览器程序、即时通信软件、网络游戏软件等,它们为用户提供了各种各样的网络应用功能。

1.2.3　课后练习

1.(多选题)下列设备中,属于网络连接设备的是(　　　)。

A.交换机　　　　　　B.IP 电话　　　　　　C.无线路由器　　　　　　D.平板电脑

E.防火墙　　　　　　F.服务器

2.(多选题)网卡可以按照支持的连网方式进行分类,下图中标号的 4 款网卡产品属于无线网卡的是(　　　)。

A.①　　　　　　　　B.②　　　　　　　　C.③　　　　　　　　D.④

图 1.2.2

任务 1.3　网络发展史

1.3.1　任务描述

计算机网络从诞生到现在已经经历了几十年的发展时间,本任务将详细介绍计算机网络的前世今生。

1.3.2　知识背景

1)最早的计算机网络及出现背景

世界上第一个网络是美国的阿帕网(Advanced Research Projects Agency Network,ARPA Net),它是由当时的美国高等研究计划局(ARPA)于 1969 年建立的。ARPA Net 是一个早期的计算机网络,其出现背景主要有以下 3 个方面:

①冷战背景:在冷战时期,美国政府对于信息传输和通信的安全性和可靠性提出了更高的要求。为了建立一个去中心化、分散式的通信网络,以应对可能的核战争对通信系统的破坏,ARPA Net 应运而生。

②科研需求:ARPA NET 最初是为了满足 ARPA 的科研需求而建立的。ARPA 希望通过建立一个网络来连接分布在不同地点的大学和研究机构,方便他们共享信息和资源,促进科研合作和技术创新。

③技术发展:在 20 世纪 60 年代,计算机和通信技术正在迅速发展,出现了分组交换技术等新的通信方式。ARPA Net 利用这些新技术,采用分组交换方式来传输数据,具有更高的效率和可靠性,为后来的互联网发展奠定了基础。

总的来说,ARPA Net 的出现背景是在冷战时期的科研需求和技术发展的推动下,为了建立一个安全、高效的通信网络,以促进科研合作和信息共享。它的建立和发展为后来互联网的出现和发展奠定了基础。

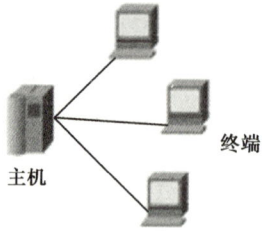

图 1.3.1 单计算机联机系统

2)计算机网络发展过程

(1)第一代计算机网络:远程终端联机网络

为了实现对计算机的远程操作,提高对计算机的利用率,人们将分布在远距离的多个终端通过通信线路与某地的中心计算机相连,以达到使用中心计算机系统主机资源的目的。这种具有通信功能的面向终端的计算机系统称为单计算机联机系统,如图 1.3.1 所示。

通信控制处理机(Communication Control Processor,CCP)也称为前端处理机(Front End Processor,FEP),其作用是负责数据的收发等通信控制和通信处理工作,让主机专门进行数据处理,以提高数据处理的效率,如图 1.3.2 所示。

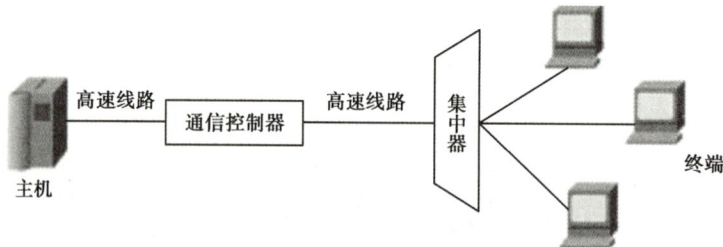

图 1.3.2 通信控制处理机

(2)第二代计算机网络:主机互联网络

主机互联网络即多台计算机主机形成的可相互通信的网络。

第一种形式是通过通信线路将主机直接连接起来,主机既承担数据处理工作,又承担通信工作,如图 1.3.3 所示。

第二种形式是把通信任务从主机分离出来,设置通信控制处理机(CCP),主机间的通信通过 CCP 中的中继功能间接进行,如图 1.3.4 所示。

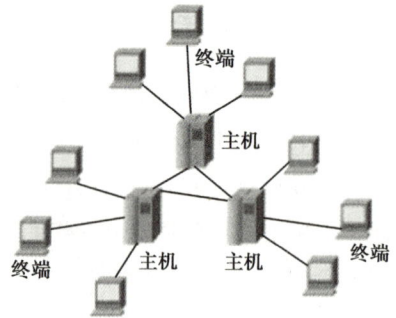

图 1.3.3 主机互联网络

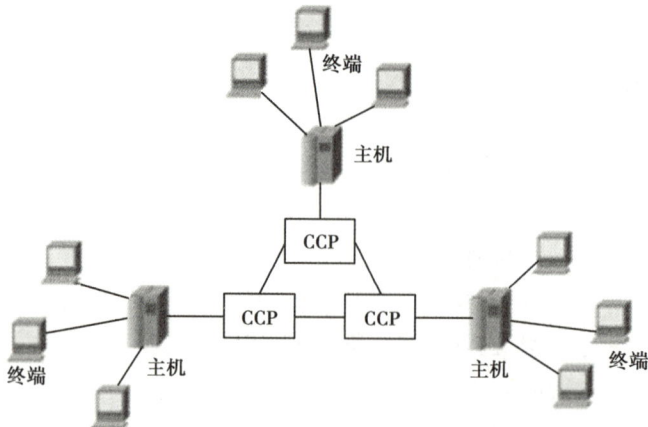

图 1.3.4 加入 CCP 的主机互联网络

（3）第三代计算机网络：标准化体系架构网络

第二代计算机网络，大多是由研究部门、大学或计算机公司自行开发研制的，没有统一的体系结构和标准。1977 年，国际标准化组织（International Standards Organization，ISO）为适应网络标准化发展的需要，成立了计算机与信息处理标准化委员会（TC97）下属的开放系统互联分技术委员会（SC16）。并提出了一个各种计算机都能够在世界范围内互相联网的标准框架，即开放系统互联参考模型（Open System Interconnection/Reference Model，OSI/RM），简称 OSI 参考模型。随后，TCP/IP 参考模型出现，成为事实上的网络标准。本书后面将会详细介绍以上两个网络参考模型。

（4）第四代计算机网络：高速化和综合化网络——互联网（Internet）

Internet 的发展已经历了 3 个阶段，现在已经比较成熟。

从 1969 年 Internet 的前身 ARPA Net 诞生到 1983 年，这是研究试验阶段，主要进行网络技术的研究和试验。

从 1983 年到 1994 年是 Internet 的实用阶段，它作为适用于教学、科研和通信的学术网络，在部分发达国家的大学和研究部门中得到广泛应用。

1994 年以后，Internet 开始进入商业化阶段，除了原有的学术网络应用外，政府部门、商业企业及个人都广泛使用 Internet，全世界绝大部分国家都纷纷接入 Internet，Internet 迅速发展起来并日益成熟。

【课程思政】

计算机技术及计算机网络技术均出现于战争时期，前期均应用于军事领域，后扩展到科研领域，而后高速发展于经济领域，最终逐渐覆盖人类生活的方方面面。计算机及计算机网络的发展历程体现了高精尖科技的发展规律。一个国家的强大与高精尖科技有直接的关系，国家强盛需要更多的人才投入到最新科技的研发中去，请读者以报效祖国为己任，刻苦钻研，奋发图强！

1.3.3 课后练习

一、填空题

世界上最早的网络是_____，应用于_____领域。

二、简答题

简要说明计算机网络发展的 4 个阶段。

任务 1.4 常见网络拓扑结构

1.4.1 任务描述

生活中能接触到的计算机网络包含很多不同的网络组建模式和状态，比如家庭无线局域网、机房有线局域网、工作单位企业内网等。那么常见的网络拓扑结构有哪些呢？让我们来详细了解一下。

1.4.2 知识背景

1)什么是网络拓扑结构

网络拓扑结构是指计算机网络中各个网络设备之间连接方式的布局。它描述了网络中各个节点之间的物理或逻辑连接关系,以及数据在网络中传输的路径。常见的网络拓扑结构包括星型、总线型、环型、网状、树型等。不同的拓扑结构对网络性能、可靠性和扩展性都有影响,选择适合需求的拓扑结构可以提高网络的效率和稳定性。

2)常见的网络拓扑结构及特点

(1)星型拓扑结构

①结构:将多台计算机连在一个中心节点(集线器、交换机)上,各计算机之间的通信必须通过中心节点,如图 1.4.1 所示。

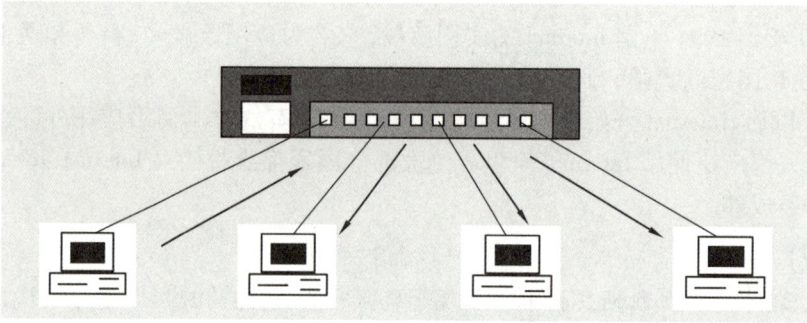

图 1.4.1　星型拓扑结构

②特点:

● 优点:结构简单,易于实现,便于管理,扩展容易,容易检查、隔离故障;

● 缺点:中心节点是全网的瓶颈,出现故障则全网瘫痪。

(2)总线型拓扑结构

①结构:将网上的设备均连接在一条总线上,任何两台计算机之间不再单独连接,如图 1.4.2 所示。

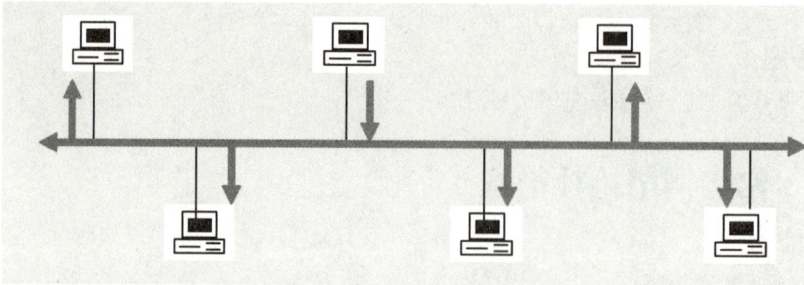

图 1.4.2　总线型拓扑结构

②工作方式:网上计算机共享总线,任一时刻只能有一台计算机发送信息,其他计算机处于接收状态,是广播式网络。

典型的总线型网络是早期的同轴电缆以太网。

③特点:

● 优点:使用电缆少,设备相对简单,易于安装、扩充。

- 缺点:故障诊断困难,总线故障则全网瘫痪,站点增加时网络效率降低。

(3)环型拓扑结构

①结构:将网上计算机连接成一个封闭的环,如图1.4.3所示。

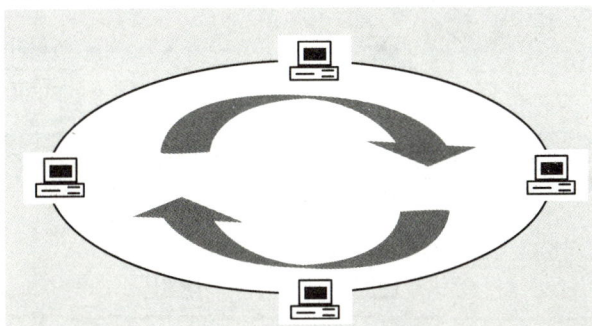

图 1.4.3　环型拓扑结构

②工作方式:网上计算机共享通信介质,任一时刻只有一个计算机发送信息,信号沿环单向传递经过每一台计算机,每台计算机都接收信号,经再生放大后传给下一台计算机。

③特点:

- 优点:两台计算机间有唯一通路,没有路径选择问题,传输延迟确定。
- 缺点:增减节点复杂,不易扩充,故障诊断困难,单环传输可靠性低。

(4)网状拓扑结构

①结构:各网络节点与通信线路互相连成不规则或规则的形状,每个节点至少和其他两个节点相连,如图1.4.4所示。

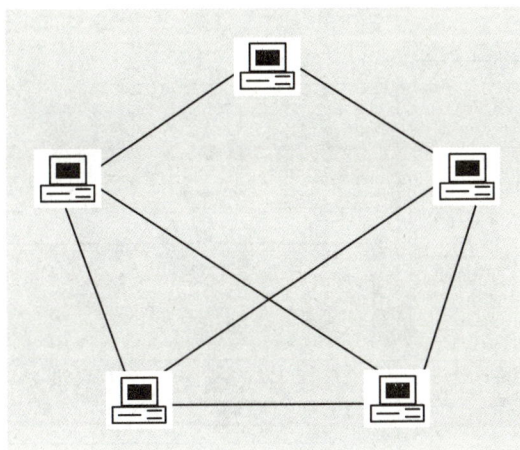

图 1.4.4　网状拓扑结构

②特点:

- 优点:是一种不规则的连接,通常一台计算机与其他计算机有两条以上的通路;容错能力强,一条通路故障时可经其他通路连接目的计算机。
- 缺点:费用高,布线困难,管理复杂,一般用于大型网络系统和骨干网。

(5)树型拓扑结构

①结构:可以看成是星型结构的扩展,适用于分级管理和控制的网络系统,如图1.4.5所示。

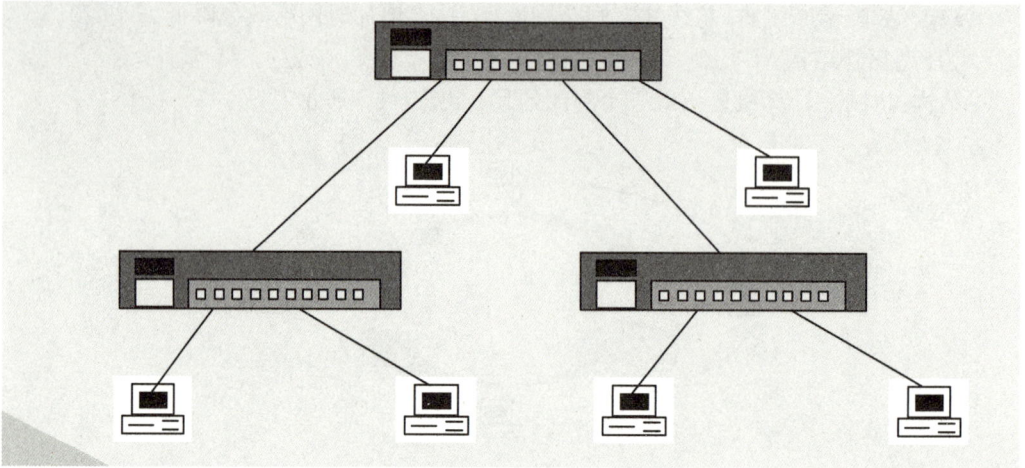

图 1.4.5　树型拓扑结构

②特点：

●优点：易于管理和维护，扩展性强，提供了一定程度的冗余。

●缺点：根节点性能影响整个网络的速度和效率，当根节点出现故障时，整个网络将无法正常工作；成本较高。

（6）混合型拓扑结构

真实的网络世界多为多种拓扑结构的混合型模式，如图 1.4.6 所示。

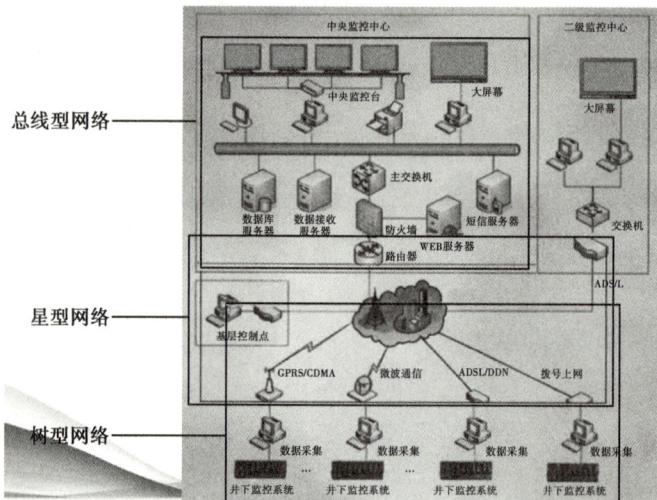

图 1.4.6　混合型拓扑结构

1.4.3　课后练习

一、单选题

一旦中心节点出现故障，则整个网络瘫痪的局域网拓扑结构是（　　）。

A.总线型结构　　　　B.星型结构　　　　C.环型结构　　　　D.工作站

二、简答题

常见的网络拓扑结构有哪些？

任务 1.5 最新网络技术简介

1.5.1 任务描述

随着时代的发展、科技的进步,计算机技术结合计算机网络技术,为适应人们生活的需求,衍生出了最新的计算机网络相关技术,如5G、云计算、物联网、大数据技术等,本节内容将依次进行讲解。

1.5.2 知识背景

1)5G技术

(1)5G的概念

5G,即第五代移动通信技术(5th Generation Mobile Communication Technology),是具有高速率、低时延和大连接特点的新一代宽带移动通信技术(图1.5.1),5G通信设施是实现人、机、物互联的网络基础设施。

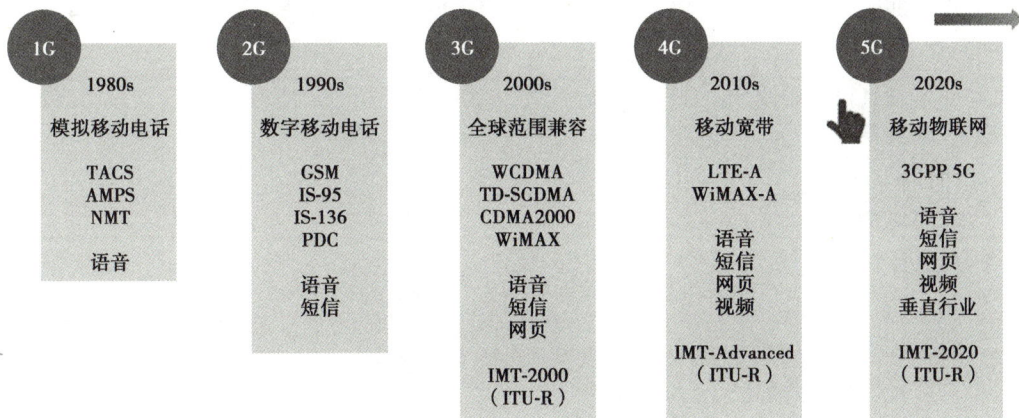

1G	2G	3G	4G	5G
1980s	1990s	2000s	2010s	2020s
模拟移动电话	数字移动电话	全球范围兼容	移动宽带	移动物联网
TACS AMPS NMT	GSM IS-95 IS-136 PDC	WCDMA TD-SCDMA CDMA2000 WiMAX	LTE-A WiMAX-A	3GPP 5G
语音	语音 短信	语音 短信 网页	语音 短信 网页 视频	语音 短信 网页 视频 垂直行业
		IMT-2000 (ITU-R)	IMT-Advanced (ITU-R)	IMT-2020 (ITU-R)

图 1.5.1 移动通信技术

(2)5G技术的特点

5G技术具有以下特点:

①高速率;

②低延迟;

③大连接;

④广覆盖;

⑤新频谱的利用;

⑥支持多种业务场景;

⑦利于生态系统的发展。

2)云计算技术

(1)云计算的概念

云计算(图1.5.2)是一种通过互联网提供计算服务的技术,使用户能够通过网络访问计算资源,如服务器、存储和数据库,而无须拥有或维护实际的硬件和软件设施。这种模型按需提供资源,具有更高的灵活性和效率。

图 1.5.2　云计算技术

(2)云计算的模型

云计算具有以下 3 种模型:

①基础设施即服务(IaaS);

②平台即服务(PaaS);

③软件即服务(SaaS)。

(3)云计算的特点

云计算具有以下特点:

①资源共享;

②弹性扩展;

③按需付费;

④自服务性。

(4)云计算的应用

目前云计算主要应用在以下方面:

①数据存储与备份;

②开发和测试环境;

③大数据分析;

④物联网(IoT);

⑤在线游戏;

⑥电子商务;

⑦医疗保健。

3)物联网技术

(1)物联网的概念

物联网(Internet of Things,IoT)是指通过各种信息传感设备及系统(传感器、射频识别系统、红外感应器、激光扫描器等)、条码与二维码、全球定位系统,按照约定的通信协议将物与物、人与物、人与人连接起来,通过各种接入网、互联网进行信息交换,以实现智能化识别、定位、跟踪、监控和管理的一种信息网络(图 1.5.3)。物联网的主要特征是每一个物件都可以寻址,每一个物件都可以控制,每一个物件都可以通信。

图 1.5.3 物联网

（2）物联网的应用

物联网的主要应用领域：

①智能家居；

②工业物联网；

③智能城市；

④健康医疗；

⑤农业物联网；

⑥车联网；

⑦零售和供应链管理；

⑧能源管理；

⑨环境监测。

4）大数据技术

（1）大数据技术的概念

大数据技术（图 1.5.4）是指为了处理、存储、分析和可视化大数据而开发的一系列技术和工具，主要包括数据采集、数据存储、数据处理、数据分析和数据可视化等方面。大数据技术的目标是帮助用户从海量数据中提取有价值的信息，通过分析以提出有意义的见解。

图 1.5.4 大数据技术

（2）常见的大数据技术

①分布式存储系统（如 Hadoop、Spark）：用于存储大规模数据并实现数据的分布式处理和计算。

②数据处理和分析工具（如 Hive、Pig、Spark SQL）：用于对大数据进行处理、查询和分析。

③数据挖掘和机器学习算法（如 TensorFlow、Scikit-learn）：用于从大数据中发现模式、趋势和预测。

④数据可视化工具（如 Tableau、Power BI）：用于将大数据转化为易于理解和分析的可视化图表和报告。

⑤实时数据处理技术（如 Kafka、Storm）：用于处理实时产生的大数据流。

（3）大数据的特征

①大量（Volume）：是指大数据巨大的数据量以及其规模的完整性。

②高速（Velocity）：主要表现为数据流和大数据的移动性。

③多样（Variety）：是指大数据有多种途径来源的关系型和非关系型数据。

④价值（Value）：体现大数据应用的真实意义所在。

⑤真实（Veracity）：体现事物的真实状态或动态变化，可以洞察到业务模式、趋势等信息。

（4）大数据使用到的技术

①分布式存储系统；

②分布式计算框架；

③数据处理和清洗工具；

④数据存储和管理；

⑤数据分析和挖掘工具；

⑥机器学习和人工智能；

⑦数据可视化工具。

（5）大数据技术的应用

①商业智能和决策支持；

②金融服务；

③医疗保健；

④零售和电子商务；

⑤制造业；

⑥物流和供应链管理；

⑦社交媒体分析；

⑧能源管理；

⑨交通管理；

⑩教育领域。

1.5.3 课后练习

一、选择题

（多选题）下列选项不是和计算机网络技术直接相关的技术是（　　　）。

A.大数据技术　　　　B.云计算技术　　　　C.虚拟现实技术　　　　D.5G 技术

E.物联网技术　　　F.人工智能技术

二、简答题

分别对以下名词进行解释。

(1)5G技术

(2)云计算技术

(3)物联网技术

(4)大数据技术

任务1.6　信息、数据、信号

1.6.1　任务描述

不了解计算机和计算机网络工作原理的读者常常会感叹科技的神奇,远在天边的两个人是怎样通过计算机网络实现通信的呢? 事实上,发送端将人类可理解的信息(声音、图像、文字等)转化为计算机可存储并识别的数据,再将数据转化为可在传输介质中传输的信号(电流、光、电磁波等),通过网络完成信号传输,在接收端将信号翻译成数据,计算机软件再将数据展示成人类可识别的信息,即实现了通信。接下来将详细介绍信息、数据、信号及相关术语。

1.6.2　知识背景

1)相关概念

(1)信息

信息是指人类对现实事物或者思想的认知,用不同的形式传达或表达思想、事实、观念或知识的内容,如数字、文字、符号、声音、图像等。简单来说,信息就是人类对自我或者事物的认知。

(2)数据

数据是描述事实、观点时记录的数字、文字、符号或图像的集合。数据通常用于描述客观事物的特征、属性或关系,是信息的基本形式。数据可以是结构化的(如数据库中的表格数据)、半结构化的(如XML文件)或非结构化的(如文本、图像、音频和视频文件)。简单来说,数据就是计算机中可存储的信息的具体表现形式,可由相应计算机软件通过具体输出设备还原成人类可识别的信息。

(3)信号

信号是数据在传输过程中的表现形式,通常是指在通信或控制系统中传输的用于携带信息的物理量。信号可以是各种形式的能量变化,如电压、电流、声音、光等。信号可以用来传递信息、控制系统的行为或在系统中携带数据。

(4)信道

信道是传输信号的通道,由传输介质及相应的附属信号设备组成。

(5)带宽

数据信号传输时,信号的能量或功率的主要部分的频率范围称为信号带宽。信道带宽分为逻辑带宽和物理带宽。其中,逻辑带宽是指通信线路不失真的可传输的具体信号量,如常提到的家用宽带是 300 M、500 M 或者 1 000 M;物理带宽是指信道上能够传输信号的最大频率范围,即传输介质的理论信号量上限;物理带宽大于逻辑带宽。

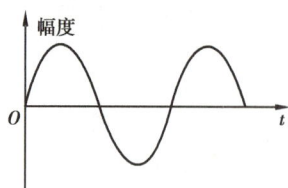

图 1.6.1　模拟信号

2)信号的分类及对应通信系统

(1)模拟信号与模拟通信系统

模拟信号是一种连续变化的信号,其波形可表示为一种连续的正弦波,如图 1.6.1 所示。

传统的电话、广播、电视等系统都属于模拟通信系统,模拟通信系统的模型如图 1.6.2 所示。

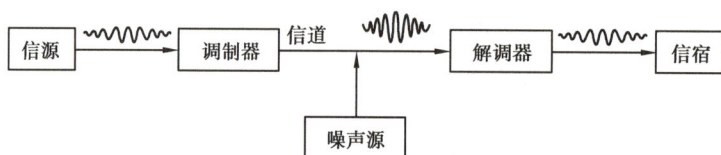

图 1.6.2　模拟通信系统模型

(2)数字信号与数字通信系统

数字信号是一种离散信号,最常见也是最简单的数字信号是二进制信号,用数字"1"和"0"表示,其波形是一种不连续方波,如图 1.6.3 所示。

计算机通信、数字电话及数字电视系统都属于数字通信系统。数字通信系统的模型如图 1.6.4 所示。

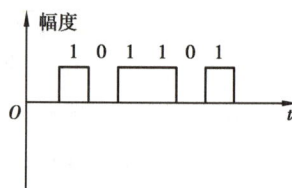

图 1.6.3　数字信号

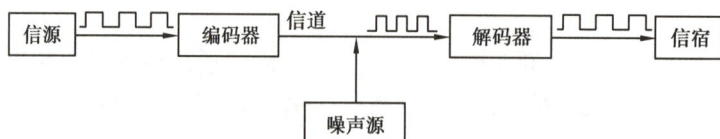

图 1.6.4　数字通信系统

数字通信系统通常由信源、编码器、信道、解码器、信宿及噪声源组成,发送端和接收端之间还有时钟同步系统。

3)信道通信的工作方式

按照信号的传输方向,信道的通信方式可以分为 3 种:单工通信、半双工通信和全双工通信。

(1)单工通信

单工通信是指通信信道是单向信道,信号仅沿一个方向传输,发送方只能发送不能接收,而接收方只能接收而不能发送,任何时候都不能改变信号的传输方向,如图 1.6.5 所示。

使用单工通信方式的有广播、传统电视等。

(2)半双工通信

半双工通信是指信号可以沿两个方向传输,但同一时刻一个信道只允许单方向传输,即两个方向的传输只能交替进行,而不能同时进行。当改变传输方向时,要通过开关装置进行切换,如图 1.6.6 所示。

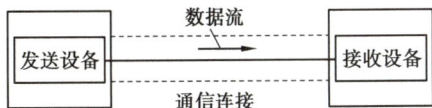

图 1.6.5 单工通信

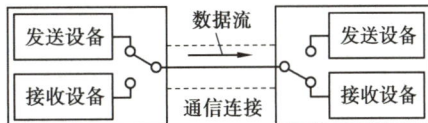

图 1.6.6 半双工通信

使用半双工通信方式的有对讲机等。

（3）全双工通信

全双工通信是指数据可以同时沿相反的两个方向进行双向传输，如图 1.6.7 所示。

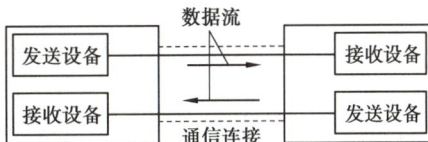

图 1.6.7 全双工通信

使用全双工通信方式的有电话、计算机网络等。

3）数据的传输方式

（1）串行通信

串行通信传输时，数据是一位一位地在通信线路上传输的。这时先由计算机内的发送设备将几位并行数据经并—串转换硬件转换成串行方式，再逐位传输到接收站的设备中，并在接收端将数据从串行方式重新转换成并行方式，供接收方使用，如图 1.6.8 所示。

（2）并行通信

并行通信传输中有多个数据位，可同时在两个设备之间传输。发送设备将这些数据通过对应的数据线传输给接收设备，还可附加一位数据校验位，如图 1.6.9 所示。

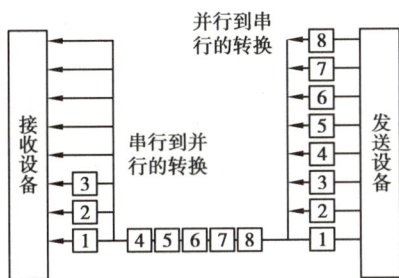

图 1.6.8 串行通信

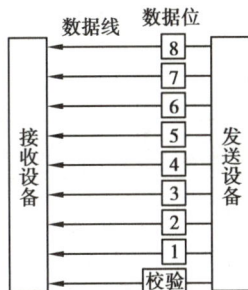

图 1.6.9 并行通信

（3）串行通信和并行通信的对比

①传输速率：并行通信传输速率较快，串行通信传输速率较慢。

②传输线路数量：串行通信需要较少的传输线路，并行通信需要更多的传输线路。

③适用场景：串行通信适用于长距离传输和高可靠性要求，并行通信适用于短距离传输和高速数据传输。

④同步机制：并行通信需要复杂的同步机制来确保数据的准确性，串行通信相对简单。

1.6.3 课后练习

一、单选题

1.以下信息不可在因特网上传输的是（　　　）。

A.声音　　　　　　　　B.实物　　　　　　　　C.图像　　　　　　　　D.电子邮件

2.在同一个信道上的同一时刻,能够进行双向数据传输的通信方式是( )。

A.单工通信　　　　B.半双工通信　　　　C.全双工通信　　　　D.以上都不是

3.以下属于半双工通信工作模式的是( )。

A.电话　　　　　　B.对讲机　　　　　　C.广播　　　　　　　D.有线电视

二、判断题

1.半双工通信与全双工通信都有两个传输通道。( )

2.信号是数据在传输过程中的表示形式,可以分为模拟信号和数字信号两种。( )

任务 1.7　数据通信的系统模型

1.7.1　任务描述

上一个任务已经介绍了数据通信的两种常见模式,但是数据通信真实的过程是怎样的呢? 接下来将进行详细的讲解。

1.7.2　知识背景

1)数据通信的系统模型

数据通信的系统模型如图 1.7.1 所示。

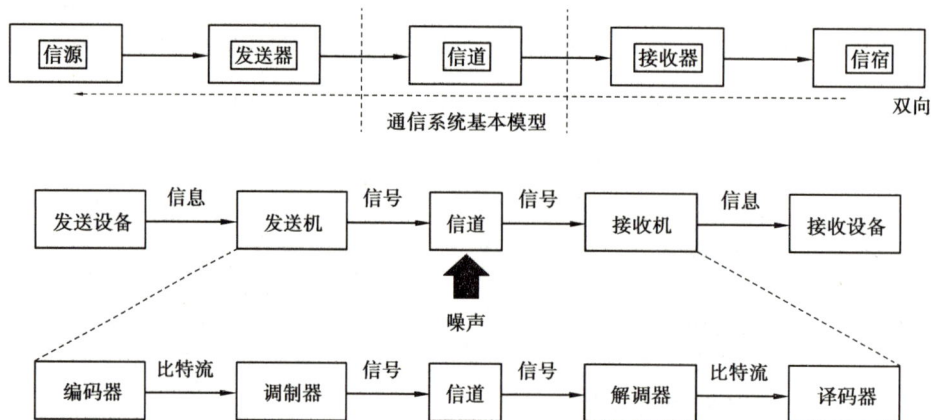

图 1.7.1　数据通信系统模型

①信源:信息发送方。

②信宿:信息接收方。

③信道:信息传输者。在信源和信宿之间建立一条传输信号的物理通道,包括传输介质和通信设备。同一传输介质上可提供多条信道,一条信道允许一路信号通过。

④噪声:信道上的干扰。

2)数据通信系统的性能指标

(1)数据传输速率

数据传输速率是指单位时间内信道上所能传输的数据量,其基本单位是比特每秒(bit per second,bps)。

信道的最大传输速率又被称为信道容量,它是指单位时间内在信道上所能传输的最大比特数。

信道带宽是指信道的频率宽度,即信道所能传输信号的频率范围,其单位为 Hz。

(2)出错率(误码率 Pe)

$$Pe=接收出错的比特数/传输的总比特数$$

数字信号通过实际的信道后,原始信号大多会发生失真现象,如果失真不严重可完成信号正确传输,如果失真严重,则会出现误码,如图 1.7.2 所示。

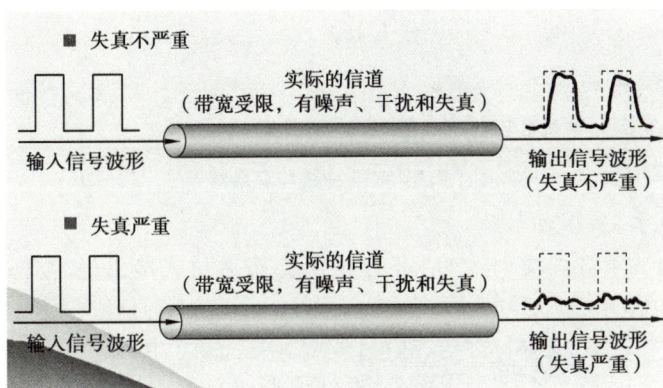

图 1.7.2　信号失真

3)数据传输的基本形式

(1)基带传输

基带(Baseband)是原始信号所占用的基本频带。基带传输是指在线路上直接传输基带信号或略加整形后进行的传输。

基带传输是一种最简单、最基本的传输方式。基带传输过程简单,设备费用低,基带信号的功率衰减不大,适用于近距离传输的场合。在局域网中通常使用基带传输技术。

(2)频带传输

远距离通信信道多为模拟信道,例如,传统的电话(电话信道)只适用于传输音频范围300~3 400 Hz 的模拟信号,不适用于直接传输频带很宽但能量集中在低频段的数字基带信号。

频带传输是先将基带信号变换(调制)成便于在模拟信道中传输的、具有较高频率范围的模拟信号(称为频带信号),再将这种频带信号在模拟信道中传输。

(3)宽带传输

所谓宽带,是指比音频带宽还要宽的频带,简单来说就是包括了大部分电磁波频谱的频带。

使用这种宽频带进行传输的系统称为宽带传输系统,它几乎可容纳所有的广播,并且还可进行高速率的数据传输。借助频带传输,一个宽带信道可被划分为多个逻辑基带信道。这样就能把声音、图像和数据信息的传输综合在一个物理信道中进行,以满足用户对网络的高要求。总之,宽带传输一定采用频带传输技术,但频带传输不一定是宽带传输。

※※容易出错的几个概念:

(1)带宽和宽带

带宽(Bandwidth)是指信号具有的频带宽度,单位是 Hz(或 kHz、MHz、GHz 等)。

宽带是相对的概念,并没有绝对的标准。目前,对于用户接入到因特网的用户线来说,每秒传送几兆比特就可以算是宽带速率。

(2)宽带传输的错误概念

a.有些人用"汽车在公路上跑"来比喻"比特在网络上传输",认为宽带传输的优点就是传输更快,好比汽车在高速公路上可以跑得更快一样。

其实在相同的传输介质上,信号传输的速度是相同的,只是宽带传输时每秒有更多比特从计算机注入到线路,如图1.7.3所示。

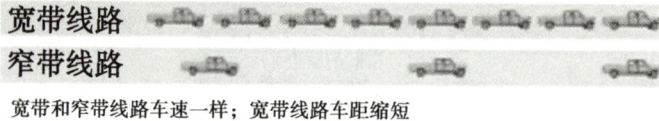

宽带和窄带线路车速一样;宽带线路车距缩短

图1.7.3　宽带线路和窄带线路

b."宽带"相当于"多车道"。

多车道其实相当于前文提到过的"并行传输",而通信线路上通常都是串行传输,如图1.7.4所示。

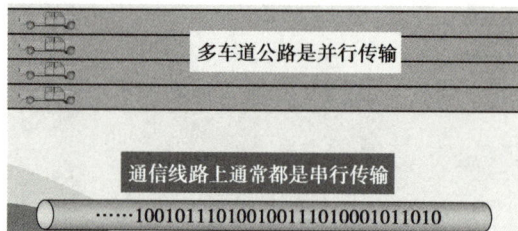

图1.7.4　并行传输和串行传输

4)数据交换技术

数据经编码后在通信线路上进行传输,最简单的形式是用传输介质将两个端点直接连接起来,如图1.7.5所示为双机对等网络。

PC1
192.168.0.1
255.255.255.0

100m

PC2
192.168.0.2
255.255.255.0

图1.7.5　双机对等网络

但是,每个通信系统都采用把收发两端直接相连的形式是不可能的,一般都要通过一个由多个节点组成的中间网络来把数据从源点转发到目的点,以此实现通信。这个中间网络不关心所传输的数据内容,只是为这些数据从一个节点到另一节点直至目的节点提供数据交换的功能。

因此,这个中间网络也叫作交换网络,组成交换网络的节点叫作交换节点。一般的交换网络拓扑结构如图1.7.6所示。

数据交换是多节点网络中实现数据传输的有效手段。常用的数据交换方式有电路交换、报文交换和分组交换。

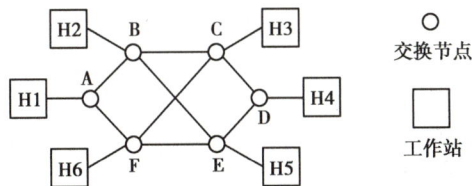

图 1.7.6 交换网络的拓扑结构

（1）电路交换

电路交换（Circuit Switching）是一种传统的通信技术，它通过在通信双方之间建立一个物理路径（也称为电路），在通信过程中保持该路径的连接状态来实现数据传输。在数据传输过程中，整个电路都被保留给通信双方使用，直到通信结束，电路才会被释放。

电路交换的主要优点是传输稳定、延迟低和可靠性高，适用于实时通信、音频通话等需要即时传输数据的应用场景。然而，电路交换也存在一些局限性，如资源利用率低、灵活性差等。

随着互联网技术的普及和发展，电路交换逐渐被分组交换技术取代，分组交换通过将数据分割成多个小的数据包并分别传输，可以更灵活地利用网络资源，提高网络的利用率和性能，如图 1.7.7 所示。但电路交换仍然在特定的应用场景中得到广泛应用，如传统电话通信系统中仍然采用电路交换技术。

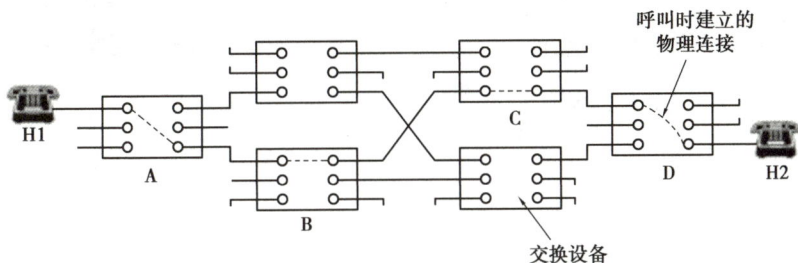

图 1.7.7 电路交换中物理信道的建立

（2）报文交换

报文交换的数据传输单位是报文，报文即站点一次性要发送的数据块，其长度不限且可变。

在交换过程中，交换设备将接收到的报文先存储起来，待信道空闲时再转发给下一节点，一级一级中转，直至到达目的地，如图 1.7.8 所示。在各个路由器之间存储再转发，类似于寄信，即把信件放到邮局，再传给下一个邮局，最后传到目的地。这种数据传输技术又称为"存储—转发"技术。

报文传输前不需要建立端到端（End to End）的连接，仅在相邻节点传输报文时建立节点间的连接。这种方式称为"无连接"方式。

这种方式在传输时会占用资源，平时则不会占用，即发即用。但传输的数据量过大时，会造成大量时延，使得传输效率不尽如人意。

（3）分组交换

分组交换是报文交换的"升级"，它将报文数据分割成

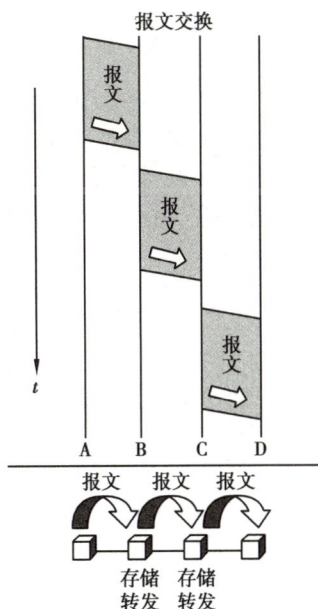

图 1.7.8 报文交换工作原理

小的数据包(也称为分组),并通过网络独立地传输和交换这些数据包。在分组交换网络中,每个数据包都包含了源地址和目的地址信息,以及一部分数据内容。数据处理的具体过程如图 1.7.9 所示。

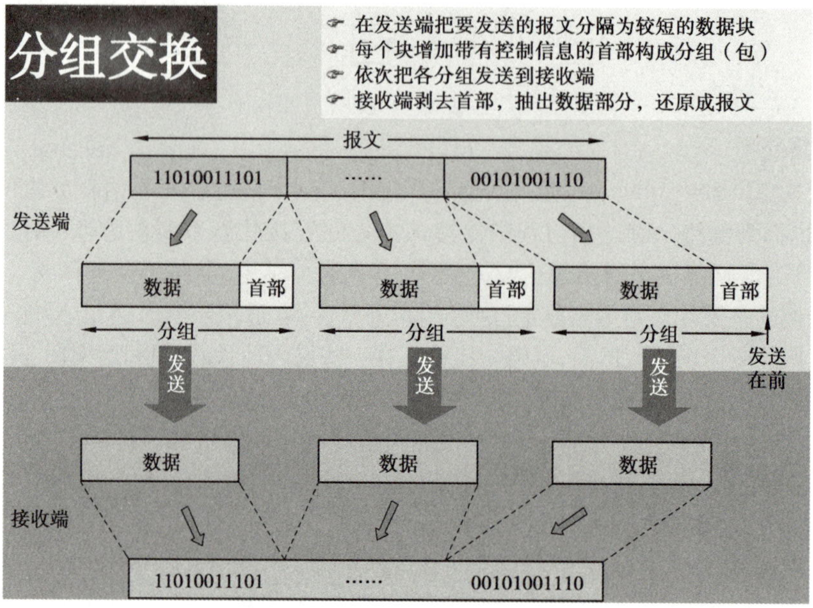

图 1.7.9　分组交换中的数据处理过程

分组交换的特点如下所述:

①采用"存储—转发"方式。

②具有报文交换的优点。

③加速了数据在网络中的传输。

④简化了存储管理。

⑤减少了出错概率和重复数据量。

⑥由于分组短小,更适用于采用优先级策略,便于及时传送一些紧急数据。

分组交换分为以下两种方式。

①数据报(Datagram):

数据报是一种无连接的传输方式,每个数据包都是独立的,具有完整的目的地址信息和数据内容。在数据报传输中,每个数据报被独立路由和发送,数据报之间没有固定的顺序,也没有保证它们到达的顺序。数据报的工作原理如图 1.7.10 所示。

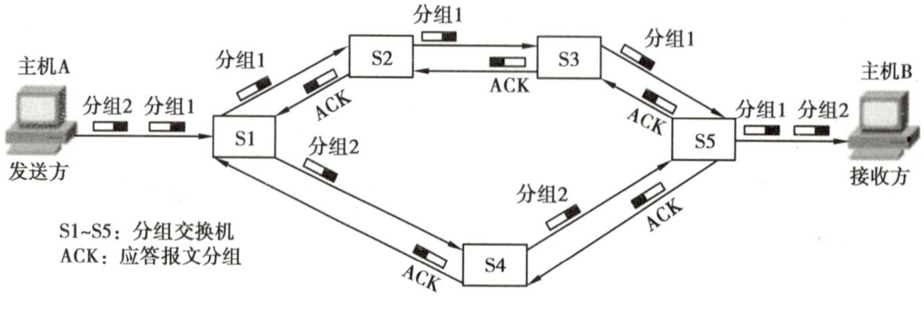

图 1.7.10　数据报的工作原理

数据报适用于不需要建立连接或维护状态的通信应用,如 IP 协议在互联网中采用的分组交换技术就是基于数据报的。

②虚电路(Virtual Circuit):

虚电路是模拟电路交换的一种分组交换方式,通信双方之间在通信之前建立起一个逻辑路径(虚电路),在整个通信过程中沿着这个路径传输数据,如图 1.7.11 所示。

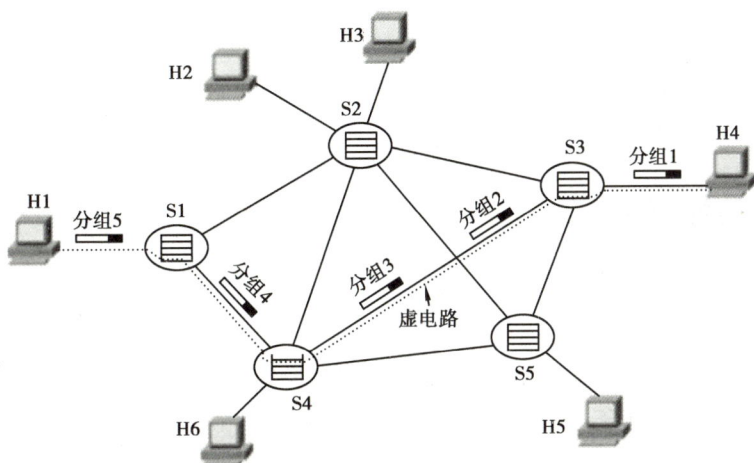

图 1.7.11　虚电路的工作原理

虚电路可以提供基于连接的通信服务,保证数据报的顺序和完整性,并可以减少路由器中的路由表查找次数,提高网络的效率和性能。

虚电路适用于需要建立连接、保证数据传输顺序和在通信过程中维护状态信息的应用,如传统电话通信系统、私有专线网络、虚拟专用网络(VPN)等技术。

(4)3 种交换方式比较

电路交换、报文交换和分组交换的数据传输过程对比如图 1.7.12 所示。

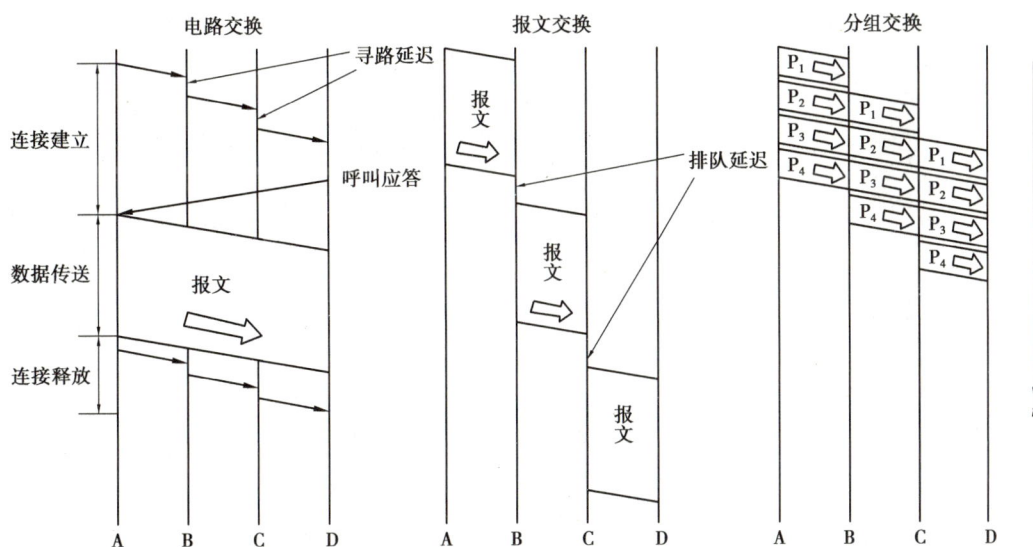

图 1.7.12　3 种交换方式的数据传输过程对比

1.7.3 课后练习

一、单选题

广域网覆盖的地理范围从几十千米到几千千米,它的通信子网主要使用( )。

A.报文交换技术   B.分组交换技术

C.文件交换技术   D.电路交换技术

二、判断题

1.报文交换的线路利用率高于电路交换。( )

2.电路交换在数据传送之前必须建立一条完整的通路。( )

任务 1.8 传输介质

1.8.1 任务描述

网络终端和网络设备之间进行通信,需要合适的介质才能传输相应的信号,那么生活中有哪些常用介质呢? 本任务将进行介绍。

1.8.2 知识背景

1)传输介质的概念

传输介质是指信息传输时所采用的物质或媒介,用于传输数据、信号或信息。不同的传输介质具有不同的传输特性和适用范围,可根据传输速度、距离、抗干扰能力等特性来选择合适的传输介质。传输介质在信息通信领域起着至关重要的作用,影响着信息传输的效率和质量。

2)常见的传输介质

常见的传输介质包括有线传输介质(如同轴电缆、双绞线、光纤)和无线传输介质(如电磁波),如图 1.8.1 所示。

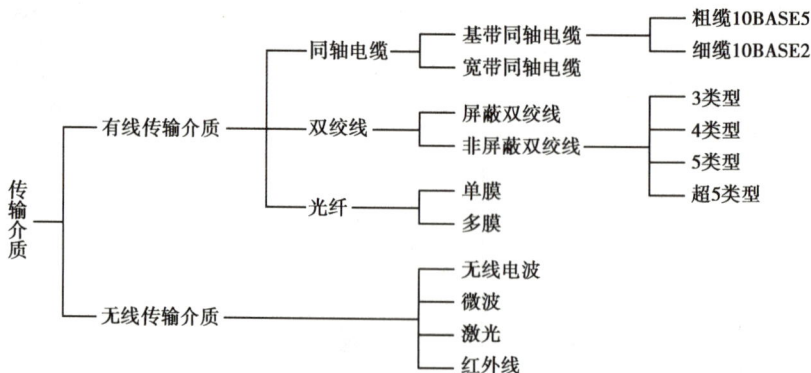

图 1.8.1 常见传输介质

(1)有线传输介质

①同轴电缆(Coaxial Cable):由一根内导体铜质芯线外加绝缘层、密集网状编织导电金属屏蔽层及外包装保护塑料组成,其结构如图 1.8.2 所示。

同轴电缆是最早出现的传输介质,多应用于较早期的通信系统,最常应用于有线电视网络,随着数字通信技术的发展,目前已基本淘汰,只有少量应用于监控系统。

②双绞线:一种常见的有线传输介质,通常用于传输数据、电话信号等。由一对或多对绝缘铜导线按一定的密度绞合在一起,目的是减少信号传输中串扰及电磁干扰(EMI)影响的程度,如图1.8.3所示。

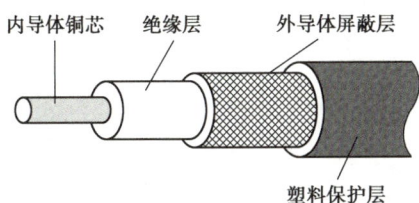

图1.8.2 同轴电缆

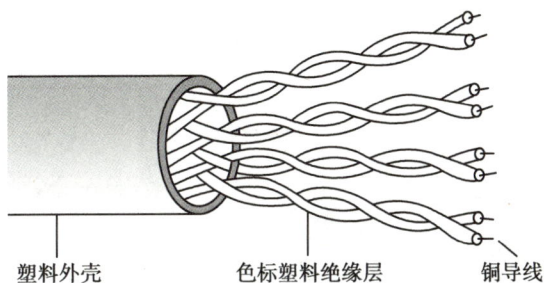

图1.8.3 双绞线

双绞线是目前连接终端设备最常用的传输介质,广泛应用于电话、计算机网络。下一节将进行详细介绍。

③光纤:光纤通信的传输介质。通常由能传导光波的纯石英玻璃棒拉制成裸纤,裸纤由纤芯和包层组成,裸纤外覆以一涂覆层,形成光纤,如图1.8.4所示。

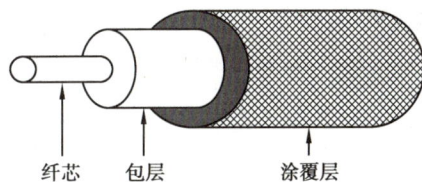

光纤是目前传输速率最快的传输介质,但因造价昂贵,主要用于网络主干道搭建。但随着光纤技术不断发展,造价逐渐下降,编者相信未来光纤将会替代其余的有线传输介质,让我们拭目以待吧!

图1.8.4 光纤

(2)无线传输介质

无线传输介质是指在两个通信设备之间不使用任何物理连接,而是通过空气传输信号的一种技术。无线传输介质主要有无线电波、微波、红外线和激光等。微波、红外线和激光的通信都有较强的方向性,都是沿直线传播的,而且不能穿透或绕开固体障碍物,因此要求在发送方和接收方之间存在一条视线通路,有时将这三者统称为视线介质。

①无线电波:电磁波的一种,无线电波通信主要靠大气层的电离层反射,电离层会随季节、昼夜,以及太阳活动的情况而变化,这就导致电离层不稳定,而产生传输信号的衰减现象。

②微波:电磁波的一种,微波通信早期广泛用于长距离的电话干线、移动电话通信和电视节目转播。目前微波干线已被光缆代替,主要应用于终端设备和最近的无线信号接收设备的直接通信。

微波通信主要有两种方式:地面微波接力通信和卫星通信。

③红外线和激光:红外线通信和激光通信就是把要传输的信号分别转换成红外光信号和激光信号直接在自由空间沿直线进行传播。它比微波通信具有更强的方向性,难以窃听,不相互干扰,但红外线和激光对雨雾等环境干扰特别敏感。目前这两种传输介质应用相对较少。

（3）传输介质的优缺点

有线传输介质和无线传输介质的优缺点如图 1.8.5 所示。

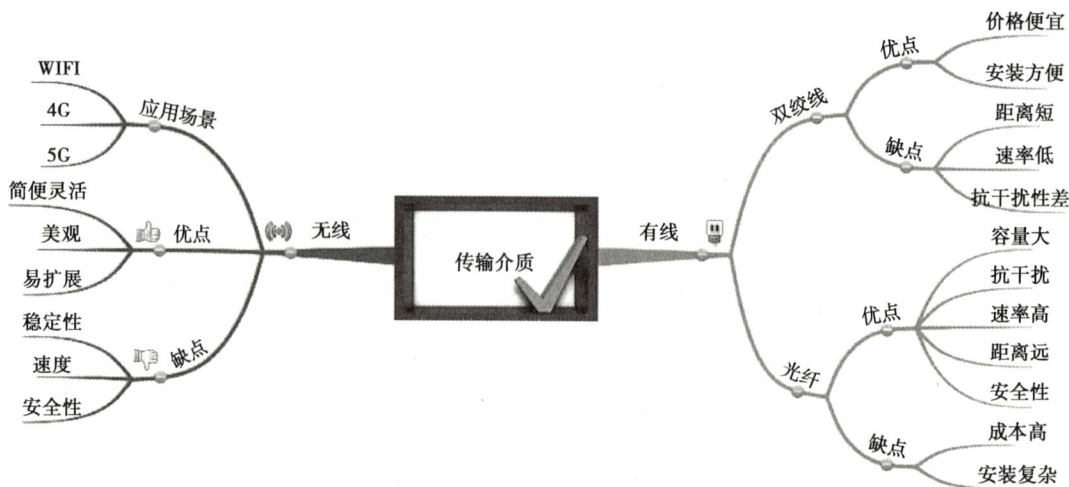

图 1.8.5　传输介质的优缺点

【拓展学习】

　　光纤之父——高锟，美籍华裔科学家。出生在中国上海，于 1966 年发表了关于光纤通信的理论论文，提出了使用光纤作为长距离通信的传输介质的概念，并指出了光纤的关键性能要求。这一研究奠定了光纤通信技术的基础，使得光纤通信成为现代通信领域的主流技术。

　　2009 年，高锟因其在光纤通信领域的开创性工作，与其他两位科学家共同获得了诺贝尔物理学奖。他的研究不仅推动了通信技术的发展，也对人类社会的信息传输和互联网发展产生了深远影响。

1.8.3　课后练习

一、单选题

有线传输介质不包括(　　)。

A.双绞线　　　　　　　B.同轴电缆　　　　　　C.光纤　　　　　　　　D.电磁波

二、实践题

请绘制传输介质对比的思维导图。

任务 1.9　双绞线及线序

1.9.1　任务描述

　　双绞线是当前连接终端计算机最常用的有线传输介质，那么双绞线的工作原理及常见线序都有哪些呢？本任务将进行详细讲解。

1.9.2 知识背景

1）双绞线基本工作原理

双绞线共有 4 对、8 根线芯，分别用不同色标进行区分，根据具体网络类型需要划分功能，其中 100 M 标准局域网中，8 根线芯具体功能见表 1.9.1。

表 1.9.1　百兆局域网线芯功能表

橙白线	传输数据发送端的"+"端信号
橙线	传输数据发送端的"−"端信号
绿白线	传输数据接收端的"+"端信号
绿线	传输数据接收端的"−"端信号
蓝白线	电话用，网络中不使用
蓝线	电话用，网络中不使用
棕白线	未使用
棕线	未使用

在 1 000 M 局域网中，8 根线芯都会使用，其中橙、绿两对线芯用于发送数据，蓝、棕两对线芯用于接收数据。

2）双绞线常用线序

双绞线在制作过程中须按照一定的顺序放入水晶头对应卡槽中，网卡会根据顺序实现对应信号传输功能。目前国际通用的双绞线线序标准是由美国电子工业协会（EIA）和电信行业协会（TIA）制定的，具体分为 EIA/TIA568A 和 EIA/TIA568B 两种标准，详细线序见表 1.9.2。

表 1.9.2　双绞线常用线序

位置	1	2	3	4	5	6	7	8
EIA/TIA568A	绿白	绿	橙白	蓝	蓝白	橙	棕白	棕
EIA/TIA568B	橙白	橙	绿白	蓝	蓝白	绿	棕白	棕

3）水晶头

水晶头（Registered Jack，RJ）是一种标准化的电信网络接口，是能沿固定方向插入网卡并自动防止脱落的塑料接头，专业术语为 RJ-45 连接器（RJ-45 是一种网络接口规范，类似的还有 RJ-11 接口，即常用的电话接口，用来连接电话线）。之所以把它称为"水晶头"，是因为它的外表晶莹透亮，如图 1.9.1 所示。

图 1.9.1　水晶头

制作网线就是用工具先对双绞线进行处理，然后将双绞线 8 根线芯按顺序整齐插入水晶头对应凹槽（8P）中，再用工具将水晶头 8 个金属触点（8C）和对应线芯压制到一起，下一个任务我们将详细学习网线制作过程。

4)直通线和交叉线

（1）直通线

当一根网线两端的线序一致时,该网线即为直通线,常见的直通线两端均采用568B线序,如图1.9.2所示。有的直通线两端均采用568A线序,但不常用。

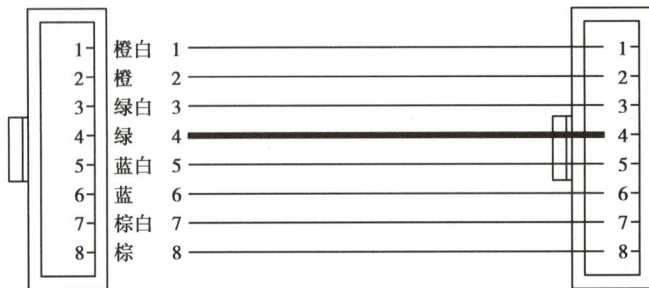

图1.9.2　直通线

（2）交叉线

当一根网线两端分别为568A和568B线序时,该网线即为交叉线,如图1.9.3所示。

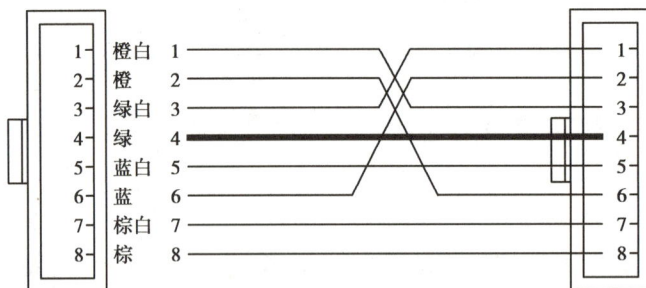

图1.9.3　交叉线

（3）直通线和交叉线的应用场景

直通线和交叉线的应用场景见表1.9.3,集线器现在已经被淘汰,此处不再进行讨论。

表1.9.3　直通线和交叉线的应用场景

网线类别	连接设备
直通线	计算机与交换机
	交换机与路由器
交叉线	计算机与计算机
	交换机与交换机
	路由器与路由器
	计算机与路由器

随着时代的发展、技术的进步,最新的网络设备包括网卡大多数都具备了网络端口自动翻转(也称网口自适应)功能,所以真实环境中交叉线使用越来越少,大多数情况下综合布线时只须制作直通线即可。但是,如果两台设备中有一台不具备网口自适应功能,那么就只能

参照表1.9.3使用相应网线连接设备,否则可能导致网络不通。读者应先了解工作原理,再根据实际设备进行分析。

【拓展知识】

全反线也称为反转线(Rollover Cable)或配置线,是一种特殊的电缆,用于连接计算机的串口到网络设备(如路由器或交换机)的 Console 接口。这种线的作用是允许用户通过串口直接登录到路由器或交换机,输入命令进行配置,而不是通过远程访问。

全反线的特点在于其线序的特殊性,一端的线序与标准的直通线(如568A或568B)相同,而另一端的线序则是完全相反的,即从第一根到最后一根的顺序反转。这种线序的安排确保了设备之间的正确通信。

全反线的线序通常为:

一端:白橙、橙、白绿、蓝、白蓝、绿、白棕、棕;

另一端:棕、白棕、橙、白蓝、蓝、白绿、绿、白橙。

1.9.3 课后练习

一、单选题

下列关于网络设备之间线缆的连接错误的是( )。

A.交换机与交换机之间使用交叉线　　B.路由器与交换机之间使用交叉线
C.交换机与计算机之间使用直通线　　D.路由器与计算机之间使用交叉线

二、简答题

简述 EIA/TIA568B 线序。

任务 1.10 用双绞线制作网线——以直通线为例(实训)

1.10.1 任务描述

上一个任务已经介绍了双绞线的相关工作原理,是不是有读者想亲手尝试一下制作网线了呢? 那就让我们 DIY 一根直通网线吧!

1.10.2 知识背景

1)网线制作相关工具和材料

(1)网线钳

网线钳是制作网线的专业工具。网线钳的设计通常包括剪线刀口、剥线口和压接模块,可以方便地剪断网线、剥离外皮和压接水晶头等,如图1.10.1所示。

(2)原材料

双绞线1根:根据需求选择双绞线类型,本任务以超五类双绞线制作百兆局域网使用网线为例;

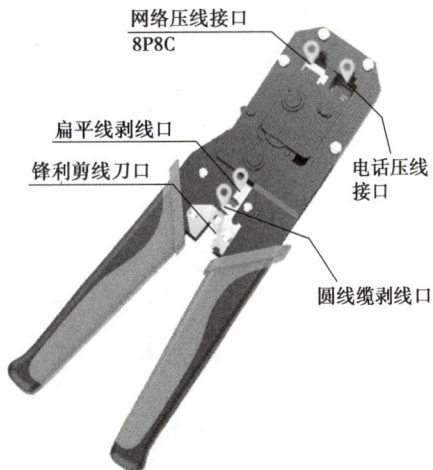

图 1.10.1 网线钳

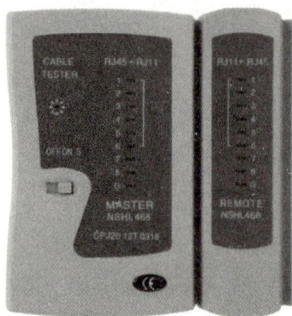

图 1.10.2　测线仪

水晶头 2 个:RJ-45 水晶头。

（3）测试工具

测线仪:一种用于测试和诊断网络电缆的工具,也被称为网络电缆测试仪。它用于验证网络电缆的连接性能、识别线缆中的故障和问题,并帮助确认网络连接的正确性和稳定性,如图 1.10.2 所示。

使用方法:将制作好的网线两端插入对应接口,打开电源,两侧指示灯按功能顺序依次同时亮起,则网线制作符合要求。

2）网线一般制作步骤——以直通线为例

①剪线:根据实际长度需求,剪出用于制作的双绞线,一般预留部分余量。

②剥外皮:用圆线缆剥线口套住双绞线旋转一圈,剥掉适当长度外皮。

③理线:将 4 组双绞线依次解开,避免相互缠绕。

④排线:按从左向右的顺序,根据需求依次排列 8 根线芯,本例使用双侧 568B 线序,即橙白、橙、绿白、蓝、蓝白、绿、棕白、棕,如图 1.10.3 所示。

⑤捋线:将 8 根线芯捋直,排列整齐,特别注意如不慎打乱了线序要及时恢复成正确线序。

⑥切线:将捋整齐的双绞线线芯切断,保留约 1 cm 长度。

⑦装入水晶头:将处理好的线芯按从左向右的顺序装入水晶头的凹槽中,特别注意水晶头的"鼻子"向下,有金属片的面向上,水晶头缺口处面向自己,如图 1.10.4 所示。

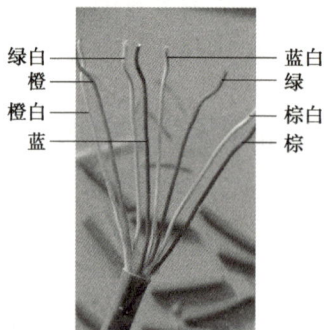

图 1.10.3　双绞线排序

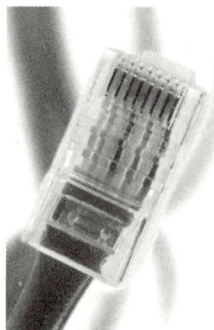

图 1.10.4　水晶头装入图示

⑧压制:将装好线芯的水晶头从没有金属亮片的一面塞入网线钳网络压线接口,如图 1.10.5 左侧图片所示。

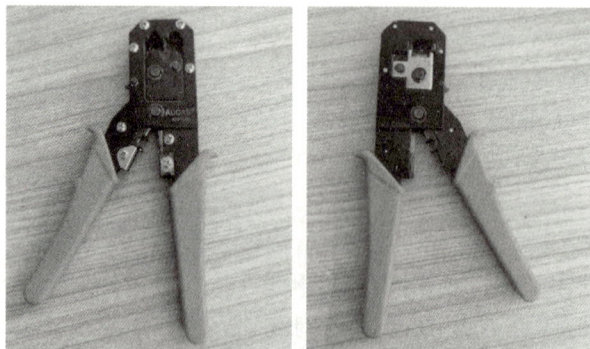

图 1.10.5　网线钳两面(左图为没有金属亮片的面)

⑨按照相同步骤制作另一个接头。

⑩用测线仪进行测试。

1.10.3　课堂评价

用双绞线制作网线的评价标准见表1.10.1。

表1.10.1　双绞线评价标准表

扣分类别	扣分项	扣分分值
功能性错误	任何一根线芯不通	直接得0分
	任何一处线序错误	直接得0分
质量性错误	线芯不齐	每处扣5分
	线芯未全部顶到水晶头最前位置	每处扣5分
	线芯底部缠绕	每处扣5分
	线芯过长,裸露到水晶头外面	每处扣5分

用双绞线制作网线最终是为了使用,如果测试出现功能性错误,则为不合格产品;如果测试合格但出现少量质量性错误,则在100分基础上扣分;如出现多处质量性错误,则所制作网线也不建议使用。请读者以精益求精的态度尽量做到满分!

【课程思政】

双绞线制作是网络综合布线项目中的基本操作,直接面向终端设备,本身操作难度不大,但初学出错率较高,如线芯被误伤、排错线序、水晶头装反、线芯不齐或未顶到头、线芯长度过长等,多为粗心和不注意细节导致,特别提醒大家要重视基础训练,注意细节。工匠精神的核心既包括精益求精、追求极致,也包括专心致志、注重基本功练习。综合布线就是从制作网线开始,一点一点搭建起整个网络,只有保证每一根网线的质量,才能实现真实网络的高效和稳定!

任务 1.11　光纤热熔(实训)

1.11.1　任务描述

光纤是当前传输速度最快的传输介质,目前各类网络的主干道均使用光缆传输数据。随着家庭宽带普及和用户对网速的要求不断提高,目前光纤入户已成为首选方式,预计未来几年将全面实现光纤入户。当光缆要连接网络设备时需要连接尾纤,连接的方式为两种:热熔和冷接。本任务将介绍光纤热熔的相关操作。

1.11.2　知识背景

1)相关工具

(1)光纤热熔机

光纤热熔机是一种用于连接光纤的设备,也称为光纤热熔接头机或光纤热熔接头设备。

它通过高温热熔技术将两根光纤的末端融合在一起,实现光纤之间的连接。光纤热熔机通常包括光纤对准、预热、热熔、冷却等步骤,确保光纤连接的质量和稳定性。在光纤通信领域,光纤热熔机是一种常用的设备,用于光纤网络的建设和维护,如图1.11.1所示。

(2)光纤切割刀

光纤切割刀是用于切割光纤的工具,也称为光纤切割器。光纤切割刀通常采用特殊的切割技术,能够精确地切断光纤,保证切口平整光滑,不产生损伤或裂纤。光纤切割刀的设计和材质都对切割效果起到重要作用,常见的光纤切割刀包括刀片式切割器、刀轮式切割器等。在光纤领域中,光纤切割刀是一种必备工具,用于光纤的加工和维护,如图1.11.2所示。

图1.11.1　光纤热熔机　　　　　图1.11.2　光纤切割刀

(3)光纤剥线钳

光纤剥线钳是一种专用工具,用于剥除光纤电缆外部保护层和裸露光纤。常用的为米勒钳,如图1.11.3所示。

它采用了三孔设计,有大中小3个孔径
大孔可剥离2~3 mm光纤外层保护层
中孔可剥离250~900 μm光纤芯白色软胶保护层
小孔可剥离125~250 μm光纤芯的覆层

图1.11.3　三口米勒钳

(4)光纤热缩管

光纤热缩管是一种用于保护和固定光纤连接部分的材料,也称为光纤热缩套管,如图1.11.4所示。

(5)红光笔

红光笔又叫作通光笔、笔式红光源、可见光检测笔、光纤故障检测器、光纤故障定位仪等,多数用于检测光纤断点,如图1.11.5所示。

(6)光功率计

光功率计是用来测量光功率大小的仪器,既可用于光功率的直接测量,也可用于光衰减量的相对测量,是光纤通信系统中研究、开发和生产以及施工、维修等部门必备的基本测试仪器,如图 1.11.6 所示。

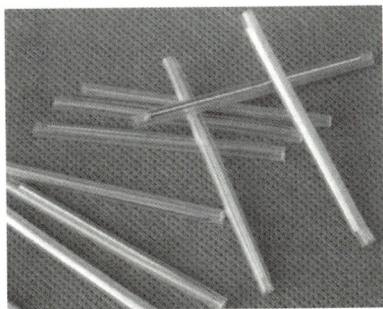

图 1.11.4 光纤热缩管

图 1.11.5 红光笔

图 1.11.6 光功率计

(7)辅助工具
①剪刀;
②酒精瓶或酒精湿巾;
③垃圾收纳盒;
④毛刷;
⑤镊子。

(8)光纤工具箱

光纤工具箱是多种光纤制作工具的汇总工具箱,市场上销售的工具箱一般包含上文所述除光纤热熔机外的所有工具,包括所有辅助工具。相关从业者一般携带光纤热熔机和光纤工具箱即可。

2)光纤热熔一般流程

①处理光纤纤芯:根据实际需要的长度剥出纤芯,用米勒钳和酒精清理纤芯外面的蜡。

②用光纤切割刀将光纤按照指定长度进行切割,确保熔接面绝对平整,无破损。

③提前在其中一段套上热缩管,将待熔接的纤芯分别放入光纤热熔机两端适当位置,固定,启动热熔机熔接,熔接成功后取出,将热缩管套住裸露的纤芯部分,然后放入热缩管加热模块加热,使热缩管和光纤包层粘到一起,起到固定和保护作用。

④取出熔接好的光纤,用红光笔或者光功率计进行测试,合格即可使用。

光纤热熔操作步骤并不复杂,但每一步操作均有很多细节需要注意,读者可观看本书配套智慧树在线课程的相关视频进行详细学习。

1.11.3 课堂评价

光纤热熔的核心评判标准是光纤热熔后的损耗率,不同类型的光纤有不同的国际标准,一根完成熔接的光纤的损耗率,要把各个熔接点损耗、法兰接头损耗和光纤本身的损耗相加,即是这根光纤的整体损耗,整体损耗率符合标准的即为合格光纤。

决定最终损耗率的因素有很多,如切面平整度、静电干扰、熔接角度等,所以在实际操作过程中有很多操作是需要规范的。如果教师给学生进行考核打分,建议以损耗率为基础分,满分100,不同损耗率区间对应不同分值,然后对过程规范性进行评价,设置扣分项,如长度合理性、纤芯崩断次数、防风盖压线、垃圾清理等方面,具体标准请各位老师自行设计。

【课程思政】

　　光纤熔接操作过程并不复杂,但是处处都是细节,充分体现了工匠精神中对注重细节、细节决定成败的解读。不同于双绞线制作的完全可控性,光纤热熔因为光纤本身的极细和易断特性而变得不能绝对可控,从剥纤芯开始直到最后热缩管固定好之前每一次擦拭、固定、切割都可能出现意外,甚至随手一放,处理好的切面都可能会因为碰到桌面或者其他物体而损伤,可以说处处要当心。而每当纤芯固定位置不合适需要调整时,移动调整都是微米级的数字,笔者经常在指导学生操作时提醒"纤芯向后退0.1毫米左右""纤芯向固定台子中间移动0.1毫米左右",每次都会让学生发出一声哀号,伴随着的可能是手不受控制地剧烈抖动,然后纤芯也不翼而飞……其他方面如尾纤中的绒毛、纤芯外面的蜡处理不彻底都可能成为决定最后成败的因素之一。希望读者在练习本任务时时刻牢记细心、不紧张、精益求精,以工匠精神要求自己,力争每次都做出最低损耗率的优质产品。

模块2
网络的秘密

【知识目标】

1.了解网络的体系结构。

2.掌握 IP 地址的概念及分类。

3.掌握子网划分的方法。

【能力目标】

1.能够完成对小型网络的 IP 地址规划。

2.能分辨 IP 地址的分类。

3.能够根据子网的分配原则,分析网络的规模和规划。

【素质目标】

1.培养根据实际需要设计网络的兴趣。

2.培养独立学习、独立组建网络的能力。

3.培养善于分析、敢于创新的意识。

任务 2.1　网络体系结构

2.1.1　任务描述

有了可传输信号的传输介质、信号和数据的转化思路,基础的网络雏形已经具备,但是要把全世界的计算机都连接起来,既要有辅助的网络设备,更要有完整的体系结构,让每一种需求都形成具体的产品。那就来让我们了解一下网络体系结构吧。

2.1.2　知识背景

1)体系结构

体系结构是指一个系统或组织的组织结构和框架,包括其组成部分、各部分之间的关系、各部分的功能和职责等方面的规划和设计。体系结构的设计旨在确保系统或组织能够有效地运作,并实现其既定的目标和任务。在计算机科学领域中,体系结构通常指计算机系统的硬件和软件组件之间的结构和交互关系。

我们常常把快递物流的运输过程和计算机网络中信息的传输过程相比较,如在快递物流中流程大体为:

发件人将物品送到收货点(或收货点上门取件),经包装并开单变成包裹,由收货点汇总到集散中心,经运输工具运送到目的城市集散中心,再送到收件人附近取货点(或直接送货上门),收件人拆开包裹,得到物品。

而计算机网络中信息的传输过程大体为:

发送人使用计算机软件生成数据,根据通信协议封装数据变为报文,由本地数据交换设备汇总到网关路由器,经网络传输到目的地网关路由器,再由数据交换设备传输到目的地计算机,软件接收并还原数据显示给接收人。

过程是不是看起来极为类似?所以当大家对网络的设备和工作原理不理解时可以和快递物流工作过程进行类比,如二层交换机的工作相当于快递物流中的菜鸟驿站,路由器的工作相当于快递物流中的集散中心等,以此可加深对网络的理解。

以上的流程就是计算机网络体系结构的大框架,但是具体结构以及相对应的硬件设备和应用软件需要更为详细地分解。

2)计算机网络体系结构

(1)网络体系结构的形成

①网络传输的目的:将数据尽可能高效且必须正确无误地从源端传输到目的端。

②难点:相互通信的两个计算机系统必须高度协调工作才行,而这种"协调"是相当复杂的。

③具体处理方法:分层。可将庞大而复杂的问题转化为若干较小的局部问题,这些较小的局部问题比较易于研究和处理。

④分层需考虑的问题:

- 网络应具有哪些层次?每一层的功能是什么?(分层与功能)
- 各层之间的关系是怎样的?它们如何进行交互?(服务与接口)
- 通信双方的数据传输需要遵循哪些规则?(协议)

(2)层次结构中的相关概念

①实体(Entity):在网络体系结构中,实体是指网络中的各种设备、节点或者系统,其可以是具有独立功能和特定角色的实体。实体可以是计算机、路由器、交换机、服务器等网络设备,也可以是用户、应用程序、服务或者协议等网络中的参与者。实体之间通过通信协议进行数据交换和通信,实现信息传输和网络功能。在网络体系结构中,实体之间的相互作用和协作形成了复杂的网络结构和功能,实体的不同角色和功能共同构成了网络的整体架构。

②通信协议:通信协议是指在计算机网络中,用于规定通信设备之间进行数据交换和传输的规则和约定。通信协议定义了数据传输的格式、编码方式、传输速率、错误检测和纠正方法等,以确保不同设备之间能够正确地交换信息并实现有效的通信。

通信协议的三要素如下:

- 语法(Syntax),指数据与控制信息的结构或格式,如数据格式、编码及信号电平等。

●语义（Semantics），指用于协调与差错处理的控制信息，如需要发出何种控制信息，完成何种动作及做出何种应答。

●时序（Timing），也称定时，指事件的实现顺序，如速度匹配、排序等。

通常会把这三个要素形象地描述为：语义表示要做什么，语法表示要怎么做，时序表示做的顺序。

③接口（Interface）：接口是指系统、设备或组件之间进行交互和通信的界面或连接点。在计算机科学领域，接口通常指软件组件之间的交互界面，用于定义组件之间的通信规则和数据传输方式。接口定义了组件之间可以进行的操作、参数和返回值的格式，以确保它们能够正确地协同工作。接口包括应用程序接口（API）、用户界面、网络接口等。在硬件领域，接口也指设备之间的连接点或者标准，用于实现设备之间的通信和数据传输。

④服务（Service）：服务指的是计算机系统或网络提供的特定功能或服务。这些服务可以是软件功能、硬件功能或者网络功能，旨在满足用户的需求并提供特定的功能。服务包括文件存储服务、打印服务、网络通信服务、安全服务等。用户可以通过调用服务来实现特定的功能或完成特定的任务。在计算机体系结构中，服务的设计和实现对于系统的性能、可靠性和用户体验具有重要影响。服务通常通过接口暴露给用户或其他系统，用户可以通过接口与服务进行交互。

⑤层间通信：在计算机网络中，层间通信指的是不同网络层之间进行数据交换和传输的过程。层间通信一般包含两种：

●相邻层间通信：即相邻的上下层间通信，一般通过服务来实现，上层使用下层提供的服务，为服务用户，须给下层提供接口；下层给上层提供服务，为服务提供者。

●对等层间通信：对等层间通信是指在计算机网络中，同一层次的不同设备或软件之间进行数据交换和传输的过程。对等层具有相同的协议数据单元（PDU），看起来是双方直接通信，但实际通信其实是在底层完成的。

至此，读者应对计算机的网络体系结构有了大致的了解，后面的任务中将详细介绍 OSI 网络参考模型和 TCP/IP 网络参考模型。

2.1.3 课后练习

（单选）通信协议三要素不包括（　　）。

A.语法　　　　　　B.语义　　　　　　C.标准　　　　　　D.时序

任务 2.2 OSI 参考模型

2.2.1 任务描述

1984 年，国际标准化组织（ISO）发表了著名的 ISO/IEC 7498 标准，定义了网络互联的 7 层框架，这就是开放系统互联参考模型（Open Systems Interconnection Reference Model，OSI/RM），简称 OSI 参考模型。OSI 参考模型采用了层次结构，将整个网络的通信功能划分成 7 个层次，每个层次完成不同的功能。本任务将详细讲解该模型。

2.2.2　知识背景

1）模型设计思路

OSI 参考模型的核心内容包含高、中、低 3 部分：高层面向网络应用；中间层起到信息转换、信息交换（或转接）和传输路径选择等作用，即路由选择；低层面向网络通信的各种功能划分。

如图 2.2.1 所示为高层模型，即两个计算机交换文件。

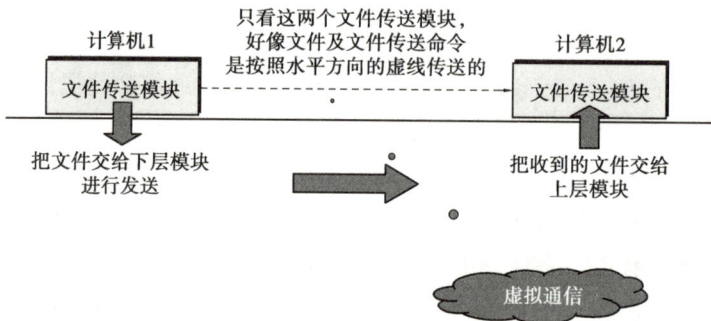

图 2.2.1　两个计算机交换文件

如图 2.2.2 所示为中层模型，即通信服务模块。

图 2.2.2　通信服务模块

如图 2.2.3 所示为低层模型，即网络接入模块。

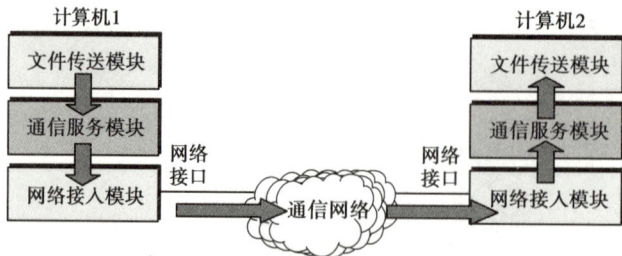

图 2.2.3　网络接入模块

2) OSI 参考模型

OSI 参考模型将整个网络的通信功能划分成 7 个层次,每个层次完成不同的功能。这 7 层由低至高依次是物理层、数据链路层(链路层)、网络层、传输层(传送层)、会话层、表示层和应用层,如图 2.2.4 所示。

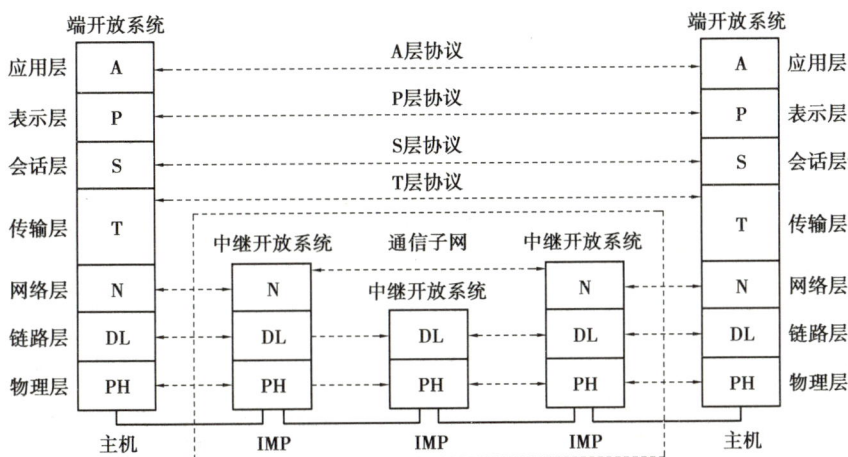

图 2.2.4　OSI 参考模型

(1)物理层

物理层(Physical Layer)处于 OSI 参考模型的底层。物理层的主要功能是利用物理传输介质为数据链路层提供物理连接,以便透明地传送"比特"流,物理层传输的单位是比特(bit)。具体功能包括数据的编解码、物理接口的特性、数据传输速率的控制等。在这一层,数据被转换为电信号、光信号或者其他形式,以便能够在网络中传输。这一层的主要目标是实现可靠的比特流传输,而不涉及数据的解释和分析。

(2)数据链路层

在物理层提供比特流传输服务的基础上,数据链路层(Data Link Layer)通过在通信的实体之间建立数据链路连接,传送以"帧"为单位的数据,使有差错的物理线路变成无差错的数据链路,保证点对点可靠的数据传输。具体功能包括帧的同步、流量控制、错误检测和纠正等。数据链路层通过物理地址(MAC 地址)来识别网络设备,并确保数据在物理介质上的可靠传输。该层通常将数据分割成帧(Frame)并添加必要的控制信息,以便在传输过程中实现数据的可靠性和有效性。

(3)网络层

网络层(Network Layer)是 OSI 参考模型中的第 3 层,它建立在数据链路层所提供的两个相邻节点间数据帧的传输功能之上,将数据从源端经过若干中间节点传送到目的端,从而向传输层提供最基本的端到端的数据传送服务。具体功能包括路由选择、逻辑寻址、分组转发、拥塞控制等。网络层通过逻辑地址(IP 地址)来识别主机和路由器,并确保数据在整个网络中的正确传输。该层的主要目标是实现端到端的数据传输,通过选择合适的路径将数据从源主机传输到目标主机,同时处理路由、拥塞等网络层面的问题。

（4）传输层

传输层（Transport Layer）是 OSI 参考模型中的第 4 层。主要目的是向用户提供无差错、可靠的端到端服务，透明地传输报文，提供端到端的差错恢复和流量控制。传输层提供"面向连接"（虚电路）和"无连接"（数据报）两种服务。传输层提供了两个端点间可靠的透明数据传输，实现了真正意义上的"端到端"的连接，即应用进程间的逻辑通信。传输层具体功能包括数据分段、流量控制、错误检测和纠正等。传输层通过端口号来识别不同的应用程序，并确保数据在源主机和目标主机之间的可靠传输。该层的主要目标是提供端到端的通信服务，确保数据在通信过程中的可靠性和完整性，同时处理数据分段、流量控制等传输层面的问题。本层中牵扯到两个极重要的协议——TCP 协议和 UDP 协议，对应面向连接和无连接两类服务，本书配套智慧树在线课程中将进行详细讲解。

（5）会话层

会话层（Session Layer）是 OSI 参考模型中的第 5 层，就像它的名称一样，会话层实现建立、管理和终止应用程序进程之间的会话和数据交换，这种会话关系是由两个或多个表示层实体之间的对话构成的。会话层主要功能包括会话管理、对话控制、同步等。会话层在通信系统中建立会话，并控制数据的传输顺序和流程。它提供了数据交换的机制，确保数据在不同应用程序之间正确传递，并处理会话层面的问题。

（6）表示层

表示层（Presentation Layer）是 OSI 参考模型中的第 6 层，主要负责数据的格式化、加密和压缩，以便确保不同系统中的应用能够相互理解和交换数据。表示层负责处理数据的语法和语义，以确保数据能够被正确解释和处理。该层的功能包括数据的加密、压缩、编码和格式转换，以便在不同系统之间进行数据交换和通信。表示层的目标是确保数据的可移植性和互操作性，使不同系统之间能够正确解释和处理数据。OSI 参考模型的第 5 层提供透明的数据传输，应用层负责处理语义，而表示层则负责处理语法。

（7）应用层

应用层（Application Layer）是 OSI 参考模型中最靠近用户的一层，主要负责为用户提供网络服务和应用程序的接口，其功能包括文件传输、电子邮件、远程登录等。应用层定义了应用程序之间通信和交互的规则和约定，为用户提供各种网络服务和功能。该层的目标是为用户提供各种高级网络服务，使用户能够访问和使用网络资源，进行各种网络应用和服务。应用层协议包括 HTTP、FTP、SMTP 等，用于实现不同类型的网络应用和服务。

3）OSI 参考模型的详细标准和协议

如图 2.2.5 所示，该图片参考自网络。

2.2.3 课后练习

简述 OSI 参考模型各层的名称及功能。

TCP/IP

第7层 应用层
各种应用程序协议,如 HTTP、FTP、SMTP、POP3。

7

常见使用TCP协议的应用层服务

| HTTP 超文本传输协议 | FTP 文件传输协议 | SMTP 简单邮件传输协议 | TELNET TCP/IP终端仿真协议 |
| POP3 邮局协议第3版 | Finger 用户信息协议 | NNTP 网络新闻传输协议 | IMAP4 因特网信息访问协议第四版 |

UNIX网络服务

| LPR UNIX远程打印协议 | Rwho UNIX远程Who协议 | Rexec UNIX远程执行协议 |
| Login UNIX远程登录协议 | | RSH UNIX远程Shell协议 |

常见使用UDP协议的应用层服务

| BOOTP 引导协议 |
| DHCP 动态主机配置协议 |
| NTF 网络时间协议 |
| TFTP 简单文件传输协议 |

HP网络服务

| NTF HP 网络文件传输协议 | RDA HP 远程数据库访问协议 | VT 虚拟终端仿真协议 | RFA HP 远程文件访问协议 | RPC Remote Process Comm. |

同时使用TCP和UDP协议的应用层服务

SOCKS 安全套接字协议	FANP 疏属性通知协议
SLP 服务定位协议	MSN 微软网络服务
Radius 远程用户拨号认证服务协议	DNS 域名系统

S-HTTP 安全超文本传输协议

GDP 网关发现协议

SUN网络服务

| NFS 网络文件系统协议 | R-STAT SUN远程状态协议 | PMAP SUN端口映射协议 |
| NIS SUN网络信息系统协议 | NSM SUN 网络状态监测协议 | Mount |

X-Window X-Window

CMOT 基于TCP/IP的CMIP协议

SNMP 简单网络管理协议

第6层 表示层
信息的语法语义以及它们的关联,如加密解密、转换翻译、压缩解压缩。

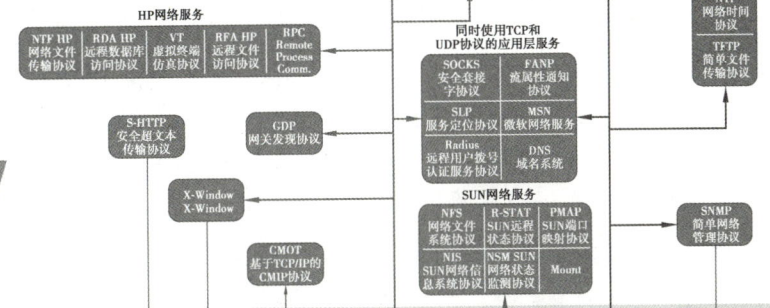

6

DECnet NSP

LPP 轻量级表示协议

NBSSN NetBIOS会话服务协议

XDP 外部数据表示协议

IPX

第5层 会话层
不同机器上的用户之间建立及管理会话。

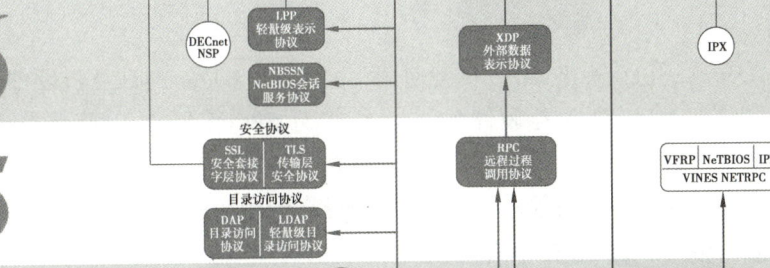

5

安全协议

| SSL 安全套接字层协议 | TLS 传输层安全协议 |

目录访问协议

| DAP 目录访问协议 | LDAP 轻量级目录访问协议 |

RPC 远程过程调用协议

| VFRP | NeTBIOS | IPX |
| VINES NETRPC |

第4层 传输层
接受上一层的数据,在必要的时候把数据进行分割,并将这些数据交给网络层,且保证这些数据段有效达到对端。

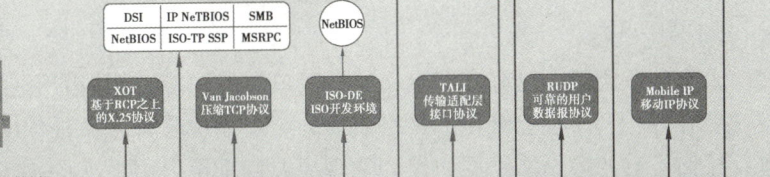

4

| DSI | IP NeTBIOS | SMB |
| NetBIOS | ISO-TP SSP | MSRPC |

NetBIOS

| XOT 基于RCP之上的X.25协议 | Van Jacobson 压缩TCP协议 | ISO-DE ISO开发环境 | TALI 传输适配层接口协议 | RUDP 可靠的用户数据报协议 | Mobile IP 移动IP协议 |

TCP 传输控制协议

UDP 用户数据报协议

第3层 网络层
控制子网的运行,如逻辑编址、分组传输、路由选择。

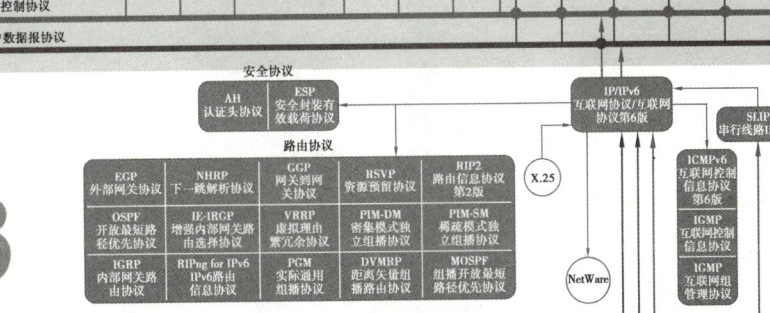

3

安全协议

| AH 认证头协议 | ESP 安全封装有效载荷协议 |

IP/IPv6 互联网协议/互联网协议第6版

SLIP 串行线路IP协议

路由协议

EGP 外部网关协议	NHRP 下一跳解析协议	RSVP 网关到网关协议	RIP2 路由信息协议第2版
OSPF 开放最短路径优先协议	IE-IRGP 增强内部网关路由选择协议	VRRP 虚拟路由冗余协议	PIM-DM 密集模式独立组播协议	PIM-SM 稀疏模式独立组播协议
IGRP 内部网关路由协议	RIPng for IPv6 IPv6路由信息协议	PGM 实际通用组播协议	DVMRP 距离矢量组播路由协议	MOSPF 组播开放最短路径优先协议

X.25

NetWare

| ICMPv6 互联网控制信息第6版 |
| IGMP 互联网控制信息协议 |
| IGMP 互联网组管理协议 |

第2层 数据链路层
物理寻址,同时将原始比特流转变为逻辑传输线路。

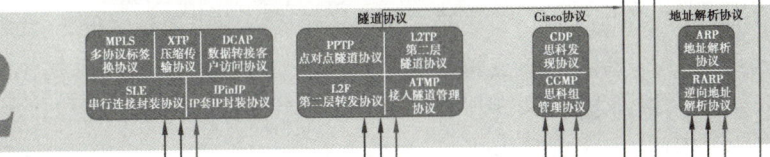

2

| MPLS 多协议标签交换协议 | XTP 压缩传输协议 | DCAP 数据转接客户访问协议 |
| SLE 串行连接封装协议 | IPinIP IP套IP封装协议 |

隧道协议

| PPTP 点对点隧道协议 | L2TP 第二层隧道协议 |
| L2F 第二层转发协议 | ATMP 接入隧道管理协议 |

Cisco协议

| CDP 思科发现协议 |
| CGMP 思科组管理协议 |

地址解析协议

| ARP 地址解析协议 |
| RARP 逆向地址解析协议 |

第1层 物理层
机械、电子、定时接口通信信道上的原始比特流传输。

1

IEEE 802.2

Ethernet v.2

Internetwork

图 2.2.5 OSI 参考模型各层详细标准和协议

任务 2.3　TCP/IP 参考模型

2.3.1　任务描述

TCP/IP 参考模型是 20 世纪 70 年代末和 80 年代初由美国国防部高级研究计划局（DARPA）开发的。当时，DARPA 致力于建立一个能够连接遍布全球各地的计算机和网络的通信系统，以便实现信息共享和通信。为实现这一目标，他们需要一种通用的协议体系结构，能够在不同类型的网络之间实现互联互通。因此，TCP/IP 参考模型应运而生，并成了互联网的基础架构。

2.3.2　知识背景

1）TCP/IP 参考模型的特点

①开放的协议标准，可以免费使用，并且独立于特定的计算机硬件与操作系统。

②独立于特定的网络硬件，可以运行在局域网、广域网，以及互联网中。

③统一的网络地址分配方案，使得整个 TCP/IP 设备都具有唯一的地址。

④标准化的高层协议，可以提供多种可靠的用户服务。

2）TCP/IP 参考模型各层及功能

（1）网络接口层

TCP/IP 参考模型中没有详细定义网络接口层的功能，只是指出通信主机必须采用某种协议连接到网络上，并且能够传输网络数据分组。该层没有定义任何实际协议，只定义了网络接口，任何已有的数据链路层协议和物理层协议都可以用来支持 TCP/IP。

（2）网际层

又称互连层，是 TCP/IP 参考模型的第 2 层，它实现的功能相当于 OSI 参考模型网络层的无连接网络服务。网际层的主要功能如下：

①处理来自传输层的分组发送请求。

②处理接收的数据报。

③处理 ICMP 报文、路由、流量控制与拥塞问题。

（3）传输层

传输层位于网际层之上，它的主要功能是负责应用进程之间的端到端通信。在 TCP/IP 参考模型中，设计传输层的主要目的是在网际层中的源主机与目的主机的对等实体之间建立用于会话的端到端连接。因此，它与 OSI 参考模型的传输层相似。

（4）应用层

应用层是最高层。它与 OSI 参考模型中的高 3 层的任务相同，用于提供网络服务，如文件传输、远程登录、域名服务和简单网络管理等。

3）TCP/IP 参考模型和 OSI 参考模型的关系

（1）层次对比

TCP/IP 参考模型和 OSI 参考模型的层次对比如图 2.3.1 所示。

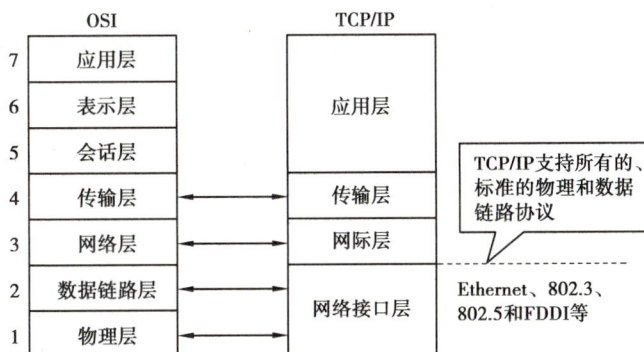

图 2.3.1　TCP/IP 参考模型和 OSI 参考模型层次对比

（2）两者的主要区别

①OSI 参考模型是国际通用标准但并没有得到市场的认可，TCP/IP 参考模型作为工业标准获得了广泛的应用，TCP/IP 常被称为事实上的国际标准。

②OSI 参考模型的专家们在完成 OSI 标准时没有商业驱动力。

③OSI 参考模型的协议实现起来过分复杂，且运行效率很低。

④OSI 参考模型的制定周期太长，因而使得按 OSI 参考模型生产的设备无法及时进入市场。

⑤OSI 参考模型的层次划分不太合理，有些功能在多个层次中重复出现。

⑥OSI 参考模型引入了服务、接口、协议、分层的概念，TCP/IP 参考模型借鉴了 OSI 参考模型的这些概念建模。

2.3.3　课后练习

TCP/IP 参考模型从下向上的各层名称依次是＿＿＿＿＿＿＿＿＿、＿＿＿＿＿＿＿＿＿、
＿＿＿＿＿＿＿＿＿、＿＿＿＿＿＿＿＿＿。

任务 2.4　数据封装 PDU 简介

2.4.1　任务描述

通过前面几个任务的学习，我们已经对网络的整体体系有了大致了解，但是在网络体系结构中数据是怎样进行处理并实现对等层的数据传输的呢？本任务将详细讲解协议数据单元（Protocol Data Unit，PDU）。

2.4.2　知识背景

1）五层协议的体系结构

OSI 参考模型和 TCP/IP 参考模型各有优缺点，都不是完美的模型，为了更好地理解计算机网络中数据的封装过程，学习计算机网络时一般采用折中的办法，也就是中和 OSI 和TCP/IP 的优点，采用一种只有五层协议的体系结构，这样既简洁又能将概念阐述清楚。该五层结构的分层及与另外两种参考模型的对比如图 2.4.1 所示。

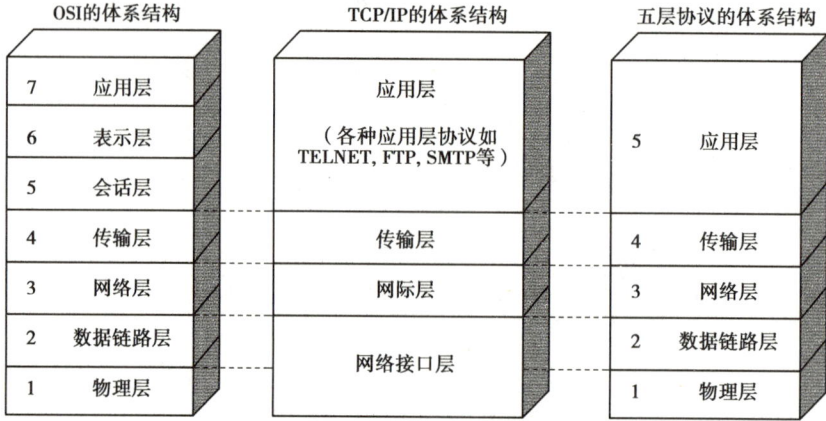

图 2.4.1　五层协议的体系结构及与另外两种参考模型的对比

2）对等层之间的通信

PDU 是指协议数据单元，是在计算机网络通信中对等层协议之间传输数据的最小单位。在不同的网络协议中，PDU 的定义和内容可能有所不同，但通常包括了协议头部和数据部分。

在 OSI 参考模型中，每个层次的数据单元 PDU 都有自己特定的名称，如传输层的 PDU 称为段（Segment），网络层的 PDU 称为数据包（Packet），数据链路层的 PDU 称为帧（Frame），物理层的 PDU 称为比特（Bit）。每个 PDU 包含了特定层次的控制信息和数据信息，用于在网络中传输和交换数据。

数据自上而下递交的过程实际上就是不断封装的过程，到达目的地后自下而上递交的过程就是不断拆封的过程。某一层只能识别由对等层封装的"信封"，对被封装在"信封"内部的数据只是将其拆封后提交给上层，本层不做任何处理，如图 2.4.2 所示。

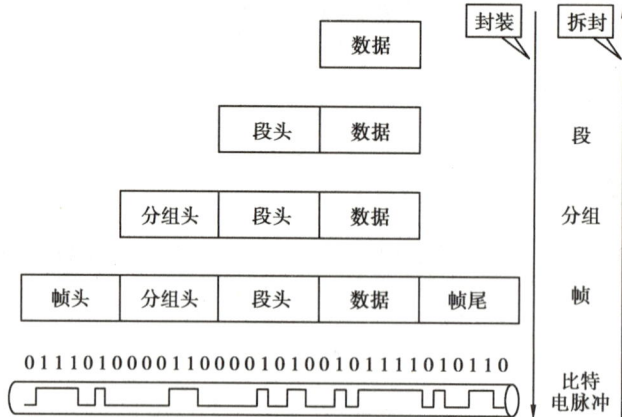

图 2.4.2　数据的封装与拆封

计算机与计算机之间应用程序传输数据的完整封装处理过程如图 2.4.3 所示。

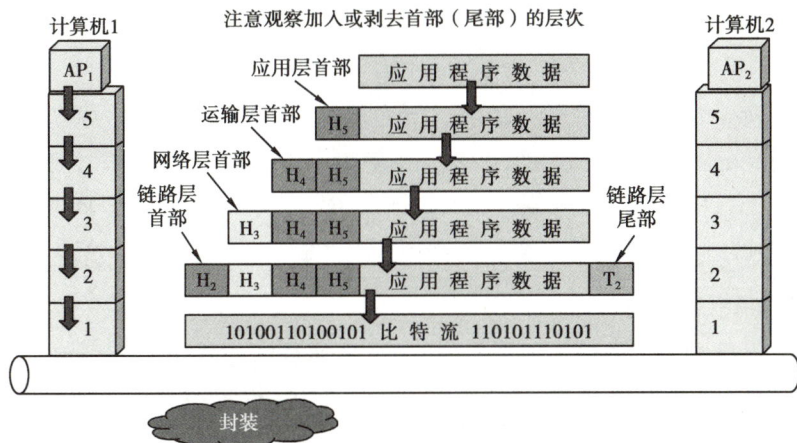

图 2.4.3　应用程序数据的完整封装过程

2.4.3　课后练习

在 OSI 参考模型中,每个层次的数据单元 PDU 都有自己特定的名称,其中传输层的 PDU 称为_____,网络层的 PDU 称为_____,数据链路层的 PDU 称为_____,物理层的 PDU 称为_____。

任务 2.5　十进制和二进制数的相互转换

2.5.1　任务描述

计算机是二进制的世界,计算机网络传输的数字信号无非也是二进制代码,能完成基本的进制转换是基本技能,尤其牵扯 IP 地址及子网划分,十进制数往往不能看出相关原理,必须转换成二进制数才能完全理解,所以本任务将先介绍十进制数和二进制数的相互转换方法。

2.5.2　知识背景

1)进制

进制是一种表示数字的方法,是一种计数系统。常见的进制有十进制、二进制、八进制和十六进制。为了进行区分,常用字母 D、B、O、H 进行标记,如 10(H)就不是常说的"十",而是十六进制数"壹零",相当于十进制数的 16(D)。

日常生活中以十进制计数最为常用,也存在十二进制(小时、月份)和六十进制(秒、分),而计算机的世界因为只能识别两种状态,并对应到 0 或者 1,所以计算机默认进制为二进制,八进制和十六进制是计算机中 3 位数或 4 位数同时处理所形成的进制,可理解为由二进制衍生出来的进制,其中十六进制数应用于 IPv6、MAC 地址等。因篇幅问题,本书不再详细介绍八进制、十六进制与二进制的转换,请读者自行学习。

2）二进制数

二进制数的组成:数字为 0 和 1,从右向左第 i 位的权值为 2^{i-1}。

二进制数转十进制数:每一位数乘权值后相加,得到的结果即为对应的十进制数。例如:

$$1101(B) = 1 \times 2^3 + 1 \times 2^2 + 0 \times 2^1 + 1 \times 2^0 = 13(D)$$

$$101010(B) = 1 \times 2^5 + 0 \times 2^4 + 1 \times 2^3 + 0 \times 2^2 + 1 \times 2^1 + 0 \times 2^0 = 42(D)$$

3）十进制数转二进制数

方法描述:将十进制数整除 2 取余数,商的整数部分继续整除 2 取余数,直到商整数部分为 0,每次记录整除后的余数,最后将余数倒序写出即为转换后的二进制数。例如:

$14(D) = 1110(B)$,计算过程如图 2.5.1 所示。

或者采用如下方式计算:

$67(D) = 1000011(B)$,计算过程如图 2.5.2 所示。

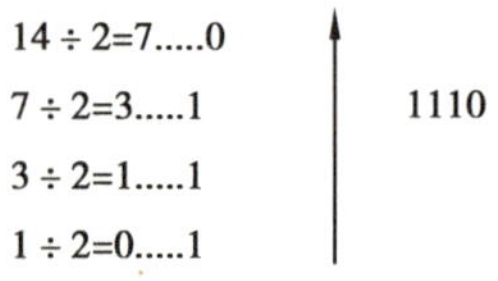

图 2.5.1　$14(D) = 1110(B)$ 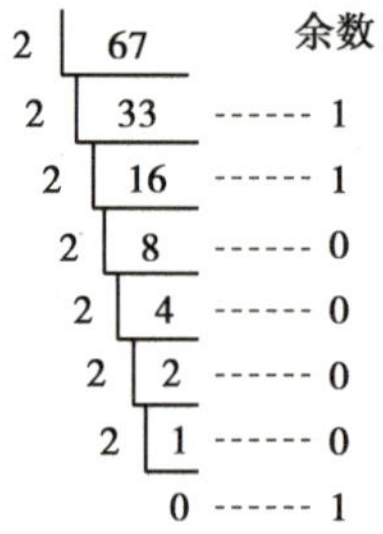　　　图 2.5.2　$67(D) = 1000011(B)$

【课程思政】

在编写本书前,考虑到本任务在其他课程中有且本身与计算机网络关系不大,编者犹豫很久是否要增加本项任务,但是最终还是决定保留本任务,原因无他,实际教学过程中学生出错太多! 出错原因大多为学生不以为意,自认为本部分内容在其他课程中学习过,比较简单,但是后面学到 IP 地址和子网技术时,因为不能快速准确地进行进制转换就理解不了了。由此可见基本功熟练度和认真仔细的态度的重要性,希望每一位读者都能认真谨慎,练好基本功,切勿眼高手低,在小河沟里摔跟头!

2.5.3　课后练习

1.二进制转十进制

(1)11111111(B)= _____ (D)

(2)1100000(B)= _____ (D)

2.十进制转二进制

(1)168(D)= _____ (B)

(2)254(D)= _____ (B)

任务 2.6　MAC 地址和 IP 地址

2.6.1　任务描述

在现实世界中想要准确地收发快递,首先需要一个准确的收发件地址,还要有一个身份的核验,过去一般都是拿身份证取件,现在大多有手机号码就算锁定了身份。在网络世界中也是如此,想要在网络世界收发信息,首先要有一个网络世界的收发件地址,这就是常说的IP 地址,然后需要一个精确的"身份证号",就是所谓的 MAC 地址了。本任务就让我们详细了解这两个最重要的网络地址。

2.6.2　知识背景

1)MAC 地址

MAC 地址(Media Access Control Address),又称物理地址或硬件地址,是网络设备(如计算机、交换机、路由器)在数据链路层中使用的唯一标识符。MAC 地址由 48 位的二进制数组成,并转换成 12 位十六进制数表示,通常以冒号或连字符分隔成 6 组。每个 MAC 地址都是全球唯一的,由硬件制造商分配,如图 2.6.1 所示。

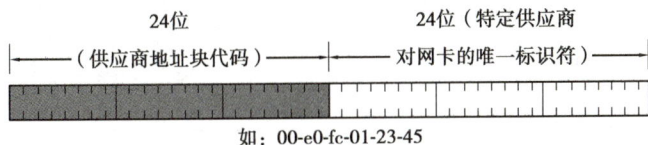

图 2.6.1　MAC 地址

MAC 地址在局域网中起着重要作用,用于在网络中唯一标识每个网络设备或设备端口。当数据包在网络设备之间传输时,目的地址和源地址的 MAC 地址被用来确定数据包的传输路径。

MAC 地址不同于 IP 地址,IP 地址是在网络层使用的逻辑地址,而 MAC 地址是在数据链路层使用的物理地址。MAC 地址是固定的,通常与设备的网卡或网络端口绑定在一起,而 IP 地址可以动态分配或静态分配。

总的来说,MAC 地址是网络设备的唯一标识符,相当于网络设备的"身份证号",用于精确标识每个设备或设备端口,并在数据传输中起着重要作用。

特别注意:

①一台台式计算机一般只有一块网卡,即只有一个 MAC 地址,但理论上可以有多块网卡,如服务器一般为多网卡,此时每一块网卡将拥有一个 MAC 地址;

②常见笔记本电脑一般有一块有线网卡和一块无线网卡,每块网卡也拥有一个 MAC 地址;

③二层交换机一般有一个 MAC 地址;

④三层交换机一般每一个接口都会有一个 MAC 地址;

⑤路由器一般有两个 MAC 地址,一个用于在局域网中标识自己,一个用于在广域网中标识自己。

2)IP 地址

（1）IPv4 简介

1981 年互联网工程任务组（IETF）发布了网际协议版本 4（Internet Protocol version 4），简称 IPv4，又称互联网通信协议第 4 版，是第一个被广泛部署的版本，目前仍是互联网中应用的主要版本。

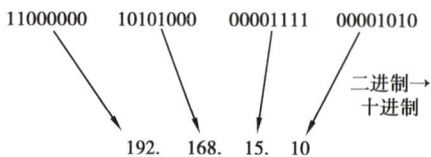

图 2.6.2 IP 地址转换原理

（2）IPv4 地址编码及组成

①IPv4 地址编码：IPv4 地址由 32 位二进制数组成，为方便查看和配置，通常以点分十进制表示，即每 8 位为一组转换成十进制数，每组数的取值范围是 0~255，如图 2.6.2 所示。

②IPv4 地址组成：32 位 IP 地址划分为网络号（也称网段号、网络地址）和主机号，由子网掩码进行区分，也可用后缀表示法表示，如图 2.6.3 为 IP 地址 168.15.15.10/16 的网络号。

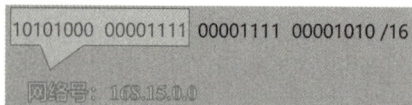

图 2.6.3 168.15.15.10/16 的网络号

（3）IPv4 地址的分类

为适应不同大小的网络，Internet 定义了 5 种类型的 IP 地址，即 A、B、C、D、E 类，使用较多的是 A、B、C 类，D 类用于多目标广播，E 类为保留地址，供实验和将来使用。5 类 IP 地址的构成情况如图 2.6.4 所示。

									w		x		y		z	
位	0	1	2	3	4	5	6	7	8	15	16	23	24	31		
A 类	0		网络地址								主机地址					
B 类	1	0		网络地址								主机地址				
C 类	1	1	0		网络地址								主机地址			
D 类	1	1	1	0	多目标广播地址（Multicast Address）											
E 类	1	1	1	1	保留为实验和将来使用											

图 2.6.4 5 类 IP 地址的构成情况

根据以上规则，5 类 IP 地址的取值范围及网络规模见表 2.6.1。

表 2.6.1 5 类 IP 地址的取值范围

地址类别	最高 4 位的值	第一组数取值范围	可容纳主机数量	详细地址范围	默认子网掩码
A	0×××	0~127	16777216	1.0.0.0~127.255.255.255	255.0.0.0
B	10××	128~191	65536	128.0.0.0~191.255.255.255	255.255.0.0
C	110×	192~223	256	192.0.0.0~223.255.255.255	255.255.255.0
D				地址范围：224.0.0.0~239.255.255.255	
E				地址范围：240.0.0.0~255.255.255.255	

（4）特殊的 IP 地址及作用

IP 地址除可表示主机的一个物理连接外,还有几种特殊的表现形式:直接广播地址、有限广播地址、网络地址、回送地址。以上特殊 IP 地址如图 2.6.5 所示。

网络地址	主机地址	地址类型	用途
全 0	全 0	本机地址	启动时使用
有网络号	全 0	网络地址	标识一个网络
有网络号	全 1	直接广播地址	在特殊网上广播
全 1	全 1	有限广播地址	在本地网上广播
127	任意	回送地址	回送测试

图 2.6.5　特殊 IP 地址

（5）私有地址

可供分配的 IPv4 地址资源非常有限,随着因特网的迅速发展,在全球出现了 IP 地址危机,为解决这个危机,Internet 管理委员会规定了私有地址,私有地址可用于组建局域网,但不能在因特网上使用,因特网没有这些地址的路由,有这些地址的计算机要访问 Internet 网络必须通过 NAT 技术将私有地址转换成合法的 Internet 地址。私有 IP 地址范围见表 2.6.2。

表 2.6.2　私有 IP 地址

地址类别	地址范围
A	10.0.0.0~10.255.255.255
B	172.16.0.0~172.31.255.255
C	192.168.0.0~192.168.255.255

2.6.3　课后练习

一、单选题

1.IP 地址 100.0.0.1 属于(　　)IP 地址。

A.A 类　　　　　　　B.B 类　　　　　　　C.C 类　　　　　　　D.D 类

2.IP 地址 191.223.0.1 属于(　　)IP 地址。

A.A 类　　　　　　　B.B 类　　　　　　　C.C 类　　　　　　　D.D 类

3.IP 地址 223.222.221.220 默认子网掩码是(　　)。

A.255.0.0.0　　　　　　　　　　　　B.255.255.0.0

C.255.255.255.0　　　　　　　　　　D.255.255.255.255

二、判断题

1.一个网卡只有一个 MAC 地址。(　　)

2.一台计算机只有一个 MAC 地址。(　　)

3.一个 IPv4 地址由 32 位二进制数组成。(　　)

任务 2.7　子网技术与网络规划

2.7.1　任务描述

IPv4 地址理论总数约 42 亿个,再扣除 D、E 两类地址和特殊地址,明显无法满足世界对 IP 地址的需求,因此需要特殊的网络技术区分公网 IP 和私网 IP,实际采用的方法为两种:

①用私有 IP 地址配合变长子网掩码组建局域网,内部通过 VLAN、路由等技术实现网络连通后,通过 NAT 技术集体使用一个公网 IP 访问外部网络;

②用公网 IP 地址变长子网掩码形成子网来组建局域网。

相对来说第一种方法更为常用,接下来让我们详细了解两种子网组网方式。

2.7.2　知识背景

1)子网掩码概念

子网掩码(Subnet Mask)是用来标识一个 IP 地址属于哪个网络的一种 32 位的二进制数,主要用于分隔网络 ID 和主机 ID。子网掩码和 IP 地址一起使用,可以帮助确定一个特定 IP 地址属于哪个子网,从而实现网络划分和管理。

2)子网掩码的不同表示方法

为区分一个 IP 地址的网络位和主机位,一般有 3 种子网掩码表示方法:点分十进制表示法、二进制表示法和后缀表示法。

例如,192.168.10.10/24 是一个用后缀表示法显示的 IP 地址,其中/24 即所谓后缀,表示该 IP 地址前 24 位为网络地址,而子网掩码的二进制表示法是用 1 标记网络位,0 标记主机位,本例/24 相当于 24 个 1 和 8 个 0,即为 11111111.11111111.11111111.00000000,4 组二进制数依次转换成十进制数即为 255.255.255.0,这就是点分十进制表示法,计算机中主要使用点分十进制表示法。根据以上任何一种表示方法都可以确定该 IP 地址的网络地址(或称为网络号、网段号)。

默认子网掩码 3 种对照方式见表 2.7.1。

表 2.7.1　子网掩码 3 种方式

地址类型	点分十进制表示法	二进制表示法				后缀表示法
A 类	255.0.0.0	11111111	00000000	00000000	00000000	/8
B 类	255.255.0.0	11111111	11111111	00000000	00000000	/16
C 类	255.255.255.0	11111111	11111111	11111111	00000000	/24

3)变长子网掩码技术(VLSM)

变长子网掩码技术是当前局域网最常采用的子网技术。组网时,先根据实际需求确定一个 IP 地址(可选私有 IP 地址或者直接使用原网络公网 IP 地址),根据所选 IP 地址的类别(A、B、C 类)在其默认子网掩码的基础上,对主机位进行二次划分。一般根据实际子网内网络规模和子网数量将主机位中前几位转换成二级子网网络位,这样可以在一个相同的大网络内,形成多个小的子网络,原理如图 2.7.1 所示。

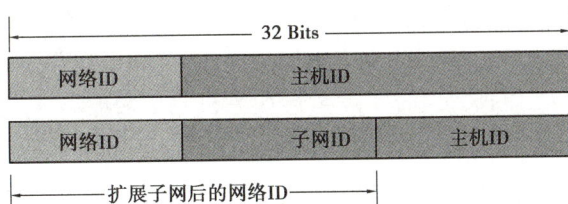

图 2.7.1 变长子网掩码技术的原理

在变长子网掩码技术中,原网络 ID 和子网 ID 都需要用子网掩码标记为网络位,因此在实际子网技术中,如果用 A 类地址组建子网,则网络位数理论上可以为 8~32 位,具体子网掩码的表示方法见表 2.7.2。

表 2.7.2 子网掩码的表示方法

后级表示法	二进制表示法				点分十进制表示法	网络中最大主机数量
/8	11111111	00000000	00000000	00000000	255.0.0.0	$2^{24}-2$
/9	11111111	10000000	00000000	00000000	255.128.0.0	$2^{23}-2$
/10	11111111	11000000	00000000	00000000	255.192.0.0	$2^{22}-2$
/11	11111111	11100000	00000000	00000000	255.224.0.0	$2^{21}-2$
/12	11111111	11110000	00000000	00000000	255.240.0.0	$2^{20}-2$
/13	11111111	11111000	00000000	00000000	255.248.0.0	$2^{19}-2$
/14	11111111	11111100	00000000	00000000	255.252.0.0	$2^{18}-2$
/15	11111111	11111110	00000000	00000000	255.254.0.0	$2^{17}-2$
/16	11111111	11111111	00000000	00000000	255.255.0.0	$2^{16}-2$
/17	11111111	11111111	10000000	00000000	255.255.128.0	$2^{15}-2$
/18	11111111	11111111	11000000	00000000	255.255.192.0	$2^{14}-2$
/19	11111111	11111111	11100000	00000000	255.255.224.0	$2^{13}-2$
/20	11111111	11111111	11110000	00000000	255.255.240.0	$2^{12}-2$
/21	11111111	11111111	11111000	00000000	255.255.248.0	$2^{11}-2$
/22	11111111	11111111	11111100	00000000	255.255.252.0	$2^{10}-2$
/23	11111111	11111111	11111110	00000000	255.255.254.0	$2^{9}-2$
/24	11111111	11111111	11111111	00000000	255.255.255.0	$2^{8}-2$
/25	11111111	11111111	11111111	10000000	255.255.255.128	$2^{7}-2$
/26	11111111	11111111	11111111	11000000	255.255.255.192	$2^{6}-2$
/27	11111111	11111111	11111111	11100000	255.255.255.224	$2^{5}-2$
/28	11111111	11111111	11111111	11110000	255.255.255.240	$2^{4}-2$
/29	11111111	11111111	11111111	11111000	255.255.255.248	$2^{3}-2$
/30	11111111	11111111	11111111	11111100	255.255.255.252	$2^{2}-2$
/31	11111111	11111111	11111111	11111110	255.255.255.254	$2^{1}-2$
/32	11111111	11111111	11111111	11111111	255.255.255.255	$2^{0}-2$

如上表所列,子网掩码的选取确定了网络地址的同时锁定了同一个子网络中最大主机数量,根据任务 2.6 中介绍,一个网络中全 0 地址代表网络地址,全 1 地址代表广播地址,所以实际可连接主机数量至少要减 2,如上表最后一列所列,如果需要使用网关连接外部网络,还需要预留一个 IP 地址给网关,这时实际可连接主机数量需要减 3,因此 30~32 位的子网掩码实际生活中不会用来创建子网。当然,在网络世界中 30~32 位的子网掩码尤其 32 位全掩码有其特殊用法,有兴趣的读者可自行了解。

此外,B 类地址组建子网,网络位数理论上可以为 16~32 位,C 类地址组建子网,网络位数理论上可以为 24~32 位。

4)实例分析

[例 1]有一个 B 类地址为 191.9.200.13,用变长子网掩码技术组建子网,它的子网掩码为 255.255.224.0,计算它的网络号、主机号和广播地址,并列出该网络段可用 IP 地址范围。

解析:由子网掩码知道该 IP 地址的网络位为前 19 位,网络号为网络位保持原数值,主机位全部置 0;主机号为网络位全部置 0,主机位保持原数值;广播地址为网络位保持原数值,主机位全部置 1;如图 2.7.2 所示。

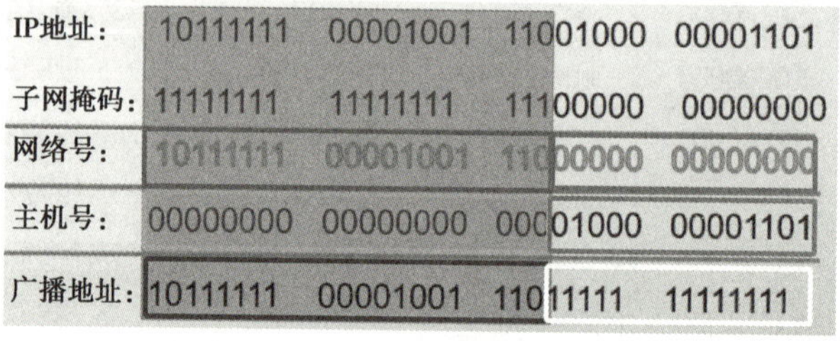

图 2.7.2　IP 地址解析

二进制数按组转成十进制数可得:

- 网络号为:191.9.192.0
- 主机号为:0.0.8.13
- 广播地址为:191.9.223.255
- 该网络段可用 IP 地址范围为:191.9.192.1~191.9.223.254

[例 2]若网络中 IP 地址为 131.55.223.75 的主机的子网掩码为 255.255.224.0,IP 地址为 131.55.213.73 的主机的子网掩码为 255.255.224.0,判断这两台主机是否属于同一子网。

解析:第一个 IP 地址解析如图 2.7.3 所示。

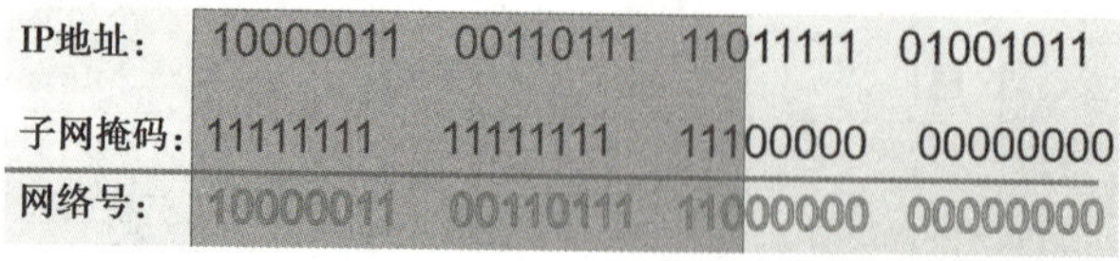

图 2.7.3　第一个 IP 地址解析

第一台主机的网络号为 131.55.192.0。

第二个 IP 地址解析如图 2.7.4 所示。

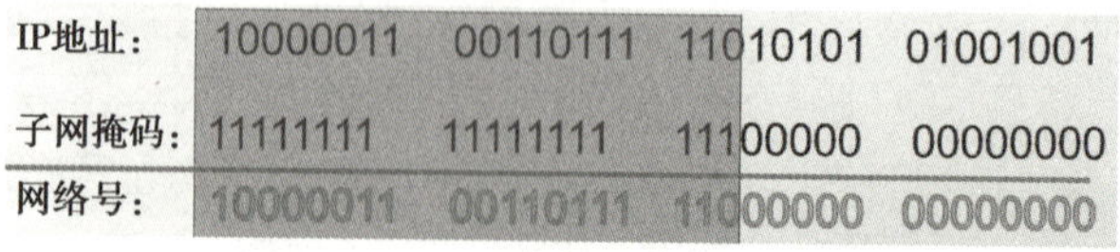

图 2.7.4　第二个 IP 地址解析

第二台主机的网络号为 131.55.192.0。

由此可见,两台主机具有相同的网络号和子网掩码,所以这两台主机属于同一子网。

5)网络规划

①用公网 IP 地址变长子网掩码组建子网,如图 2.7.5 所示。

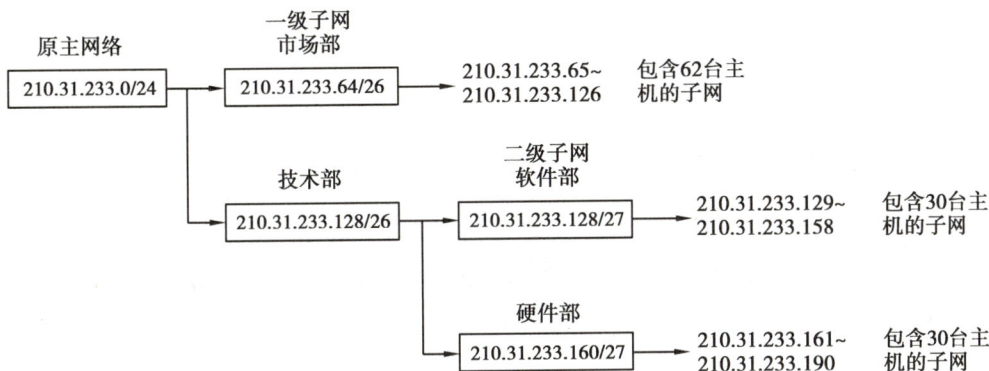

图 2.7.5　公网 IP 地址组建子网

②用私有地址组建局域网,根据功能区域划分子网,根据子网网络规模确定选用 IP 分类并确定具体子网掩码位数,用路由器或三层交换机网关技术实现网络独立管理和网络间互通,用 NAT 技术实现内网 IP 和公网 IP 转换。

表 2.7.3 为某高校网络规划示例,假设该高校有 5 万名在校生,20 个二级学院,3 000 名教师,行政教师 240 人,学生宿舍 10 000 间,公共机房 100 间,教师和学生人均约 1.3 台设备(台式计算机、笔记本电脑和智能手机)需连接网络。

表 2.7.3　某高校网络规划示例

区域	网段号	可用 IP	实际终端数量
公共办公区	192.168.1.0/24	192.168.1.1～192.168.1.254	240
信息学院办公	192.168.2.0/24	192.168.2.1～192.168.2.254	160
服务学院办公	192.168.3.0/24	192.168.3.1～192.168.3.254	120
制造学院办公	192.168.4.0/24	192.168.4.1～192.168.4.254	180
其他学院省略	……	……	……
机房 1	192.168.100.0/24	192.168.100.1～192.168.100.254	50
机房 2	192.168.101.0/24	192.168.101.1～192.168.101.254	50
机房 3	192.168.102.0/24	192.168.102.1～192.168.102.254	50
机房 4	192.168.103.0/24	192.168.103.1～192.168.103.254	50
其他机房省略	……	……	……
学生宿舍	172.16.0.0/16	172.16.0.1～172.16.255.254	10 000
教师公共 WLAN	172.17.0.0/16	172.17.0.1～172.17.255.254	4 000
学生公共 WLAN	10.0.0.0/8	10.0.0.1～10.255.255.254	80 000
其他部门省略	……	……	……

在实际使用中,使用默认子网掩码容易造成 IP 地址的浪费,则可使用变长子网掩码技术,将上表中部分区域进行处理,见表 2.7.4。

表 2.7.4　变长子网掩码技术处理后的网络规划

区域	网段号	可用 IP	实际终端数量
机房 1	192.168.100.0/26	192.168.100.1 ~ 192.168.100.62	50
机房 2	192.168.100.64/26	192.168.100.65 ~ 192.168.100.126	50
机房 3	192.168.100.128/26	192.168.100.129 ~ 192.168.100.190	50
机房 4	192.168.100.192/26	192.168.100.193 ~ 192.168.100.254	50
机房 5	192.168.101.0/26	192.168.101.1 ~ 192.168.101.62	50
机房 6	192.168.101.64/26	192.168.101.65 ~ 192.168.101.126	50
机房 7	192.168.101.128/26	192.168.101.129 ~ 192.168.101.190	50
机房 8	192.168.101.192/26	192.168.101.193 ~ 192.168.101.254	50
其他机房省略	……	……	……
学生宿舍	172.16.0.0/18	172.16.0.1 ~ 172.16.63.254	10 000
教师公共 WLAN	172.17.0.0/20	172.17.0.1 ~ 172.17.15.254	4 000
学生公共 WLAN	10.128.0.0/15	10.128.0.1 ~ 10.129.255.254	80 000

子网内均为独立局域网,可使用局域网管理工具进行管理;局域网之间需使用路由器或三层交换机设置网关,通过路由技术实现局域网络间互通。这也是企业内网(Intranet)的常见组网形式,后面会有相关任务进行介绍。

2.7.3　课后练习

一、填空题

填写下表:

IP 地址	子网掩码	类别	网络号	广播地址
例:201.222.10.60	255.255.255.248	C 类	201.222.10.56	201.222.10.63
15.16.193.6	255.255.248.0	____	____	____
128.16.32.13	255.255.255.252	____	____	____
153.50.6.27	255.255.255.128	____	____	____

二、网络设计题

根据以下条件完成网络 IP 地址规划:某培训机构进行计算机网络基础知识培训,共有 8 间机房,各有 20 台计算机和 1 台教师机,有教师 32 位(含培训教师 20 位和工作人员 12 位),各机房需组建独立局域网,办公区组建独立局域网,另提供公共 Wi-Fi 接入服务,预估最大接入数量为 300。试用 C 类私有地址网段 192.168.10.0/24 变长子网掩码完成机房区域 IP 地址规划,用 C 类私有地址网段 192.168.20.0/24 变长子网掩码完成教工区域 IP 地址规划,用 B 类私有地址网段 172.16.0.0/16 变长子网掩码完成公共 Wi-Fi 的 IP 地址规划。要求使用能满足要求的最佳子网掩码设计,减少 IP 地址浪费。

任务 2.8　IPv6 简介

2.8.1　任务描述

因 IPv4 地址理论上限只有 42 亿个左右,即使结合私有地址组建局域网的方式,依然无法满足世界上对 IP 地址的需求,所以必须出现新的网络地址方案,那就是 IPv6。

2.8.2　知识背景

1)IPv6 的组成

IPv6 由 128 位二进制数组成,包括 64 位网络地址和 64 位主机地址。其中,64 位网络地址又分为 48 位全球网络标识符和 16 位本地子网标识符,如图 2.8.1 所示。

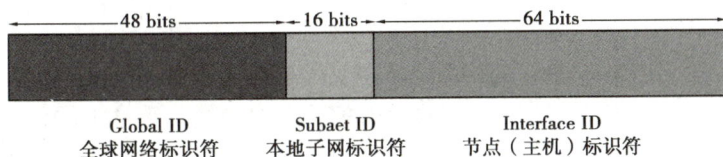

图 2.8.1　IPv6 的组成

128 位的 IPv6 地址则被分割成 8 个十六进制段来表示,其中,每个 16 位段用大小为 0x0000~0xFFFF 的十六进制的数字表示,并且每个 16 位段之间使用英文符号冒号":"来分开。

例如:2001:0db8:0000:0042:0000:8a2e:0370:7334

2)IPv6 简化规则

①前导零可以被省略:

完整写法:2001:0db8:0000:0003:0000:8a2e:0370:7334

简化写法:2001:db8:0:3:0:8a2e:370:7334

②连续的零组用双冒号代替(只能使用一次):

完整写法:2001:0db8:0:0:0:0:0:1

简化写法:2001:db8::1

3)IPv4 与 IPv6 的区别

IPv4 与 IPv6 的区别如图 2.8.2 所示。

	地址长度	地址表示	地址配置	地址转换	安全性
IPv4	32位	4个十进制数,如:192.168.1.1	通常使用DHCP(动态主机配置协议)	需要进行NAT(Network Address Translation)以解决地址不足问题	原生不提供内建的安全机制,通常需要额外的安全协议
IPv6	128位	8组4个十六进制数字,如:2001:0db8:85a3:0000:0000:8a2e:0370:7334	引入SLAAC(无状态地址自动配置),允许设备自动构建地址	不再需要NAT,提倡端到端连接	内建支持IPsec,提供更强的网络安全保障

图 2.8.2　IPv4 与 IPv6 的区别

4）IPv4 到 IPv6 的过渡技术

（1）隧道技术

随着 IPv6 网络的发展，出现了许多局部的 IPv6 网络。利用隧道技术，可通过运行 IPv4 协议的 Internet 骨干网络（即隧道）将局部的 IPv6 网络连接起来，因而隧道技术是 IPv4 向 IPv6 过渡的初期最易于采用的技术。隧道技术的实现方式为路由器将 IPv6 的数据分组封装入 IPv4，IPv4 分组的源地址和目的地址分别是隧道入口和出口的 IPv4 地址。

（2）网络地址转换/协议转换技术

网络地址转换/协议转换（Network Address Translation-Protocol Translation，NAT-PT）技术，通过与 SIIT 协议转换和传统的 IPv4 下的动态地址翻译（NAT）以及适当的应用层网关（ALG）相结合，可实现只安装了 IPv6 的主机和只安装了 IPv4 的主机的大部分应用的相互通信。

5）IPv6 的使用现状

目前，IPv6 的使用量正逐渐增加，IPv6 已获得越来越多的支持，而且很多网络硬件和软件制造商已经表示支持这个协议。虽然 IPv6 的普及程度还不如 IPv4，但随着 IPv4 地址资源的枯竭和 IPv6 的优势逐渐被认可，IPv6 的使用预计会继续增加。从 IPv4 向 IPv6 的过渡是未来实现全球互联不可省略的步骤，它绝不是一朝一夕就可以完成的，它将是一个相当缓慢和长期的过程。

2.8.3　课后练习

判断题

1.IPv6 提供的可用地址比 IPv4 多。（　　　）

2.IPv6 已经取代 IPv4 成为世界主流的 IP 地址方案。（　　　）

3.IPv6 肯定能满足未来的 IP 地址需求。（　　　）

模块3
网络设计师之路 ······················ ◎

【知识目标】

1.了解局域网的相关概念。
2.了解常见网络设备的工作原理。
3.掌握常见网络设备的配置方法。
4.掌握局域网设备连接测试方法。

【能力目标】

1.能够使用思科模拟器进行网络设计。
2.能够使用 ipconfig 命令查看网络地址。
3.能够熟练在主机上进行 IP 地址配置。
4.能够熟练使用 Ping 测试网络的连通性。
5.能够使用无线路由器组建无线局域网。

【素质目标】

1.通过处理网络故障的经验积累,养成良好的分析问题的素养。
2.培养根据实际需要设计网络的兴趣。
3.培养研究网络设备的兴趣和团队合作精神。
4.培养独立学习、独立组建网络的能力。
5.培养敢于创新、善于发现的创新意识。

任务 3.1　局域网技术

3.1.1　任务描述

局域网是网络世界的基本网络形态,无数的局域网相互连接,由路由设备实现相互通信,配合网络中的服务设备就形成了真实的互联网。广域网的搭建距离我们很遥远,但是局域网就在我们身边,家庭无线局域网、工作单位的企业内网、学校教学用的网络机房,都是局域网技术的典型代表。作为计算机网络专业的学生,掌握局域网和企业内网的搭建技巧是基本技能,本模块将围绕局域网技术的学习和应用,开启网络设计师之路。

3.1.2 知识背景

1)局域网的定义

局域网(Local Area Network,LAN)是指在有限的地理范围内(一般不超过几千米),一个机房、一幢大楼、一个学校或一个单位内部的计算机、外设和网络互连设备连接起来形成以数据通信和资源共享为目的的计算机网络系统。

2)局域网的特点

①局域网覆盖的地理范围很有限,计算机之间的联网距离通常小于10 km,适用于校园、机关、公司、工厂等有限范围内的计算机、终端与各类信息处理设备联网的需求。

②数据传输速率高(10 Mbit/s~100 Mbit/s~1 000 Mbit/s),误码率低。

③可根据不同需求选用多种通信介质,如双绞线、同轴电缆或光纤等。

④通常属于一个单位所有,终端计算机数量不多,一般在几台到几百台,易于建立、管理与维护。

3)局域网的组成

总体来说,局域网由硬件和软件两部分组成,如图3.1.1所示。硬件部分主要包括计算机、外围设备、网络互连设备、网络适配器、传输介质;软件部分主要包括网络操作系统、通信协议、应用软件。

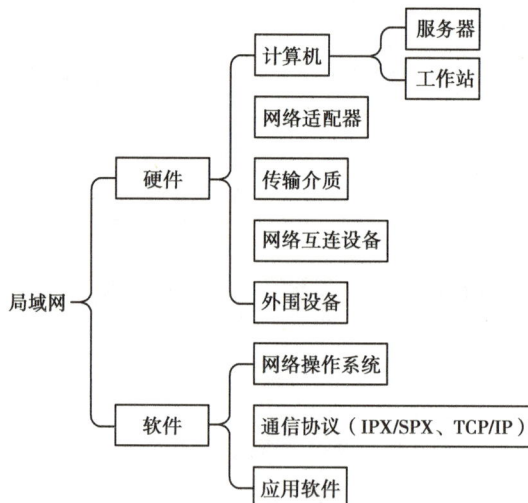

图 3.1.1　局域网组成

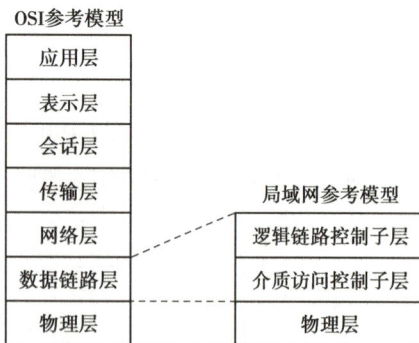

图 3.1.2　局域网参考模型

4)局域网的模型与标准

根据局域网的特征,局域网体系结构仅包含OSI参考模型的最低两层:物理层和数据链路层,如图3.1.2所示。

(1)物理层

物理层涉及在通信信道上传输的原始比特流,主要作用是确保在一段物理链路上正确传输二进制信号,功能包括信号的编码/解码、同步前导码的生成与去除、二进制位信号的发送与接收。为确保位流的正确传输,物理层还具有错误校验功能,以保证位信号的正确发送与正确接收。

（2）数据链路层

为了简化协议设计,局域网参考模型将数据链路层又分为如下两个独立的部分。

①逻辑链路控制（Logical Link Control,LLC）子层。该子层的功能完全与介质无关,用来建立、维持和释放数据链路,提供一个或多个服务访问点,为高层提供面向连接和无连接服务。另外,为保证通过局域网的无差错传输,LLC子层还提供差错控制和流量控制,以及发送顺序控制等功能。

②介质访问控制（Medium Access Control,MAC）子层。该子层的功能完全依赖于介质,用来进行合理的信道分配,解决信道竞争问题。另外,在发送数据时,该层把从上一层接收的数据组装成带MAC地址和差错检测字段的数据帧,完成地址识别和差错检测。

5）局域网拓扑结构

局域网常见拓扑结构有总线拓扑结构、环状拓扑结构、星状拓扑结构,整体网络拓扑多为混合拓扑结构。以上结构前面已有相应介绍,本节不再赘述。

6）介质访问控制方法

（1）载波监听多路访问/冲突检测方法

总线拓扑结构的通信方式一般采用广播形式,通过载波监听多路访问/冲突检测（CSMA/CD）的介质访问控制方法来减少和避免冲突的发生。

CSMA/CD遵循"先听后发,边听边发,冲突停发,随机重发"的原理来控制数据包的发送。工作流程如图3.1.3所示。

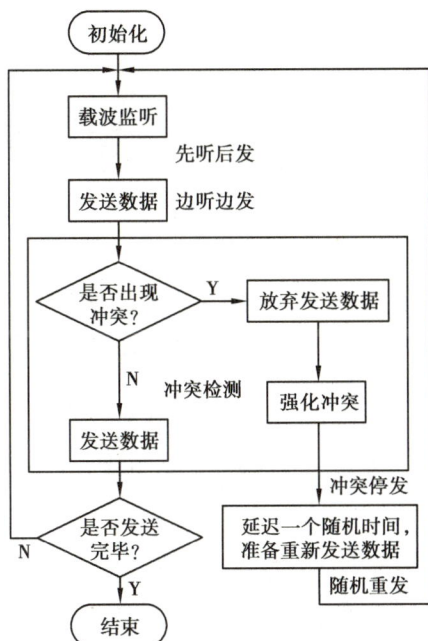

图3.1.3　CSMA/CD的工作流程

（2）令牌环访问控制方法

令牌环控制技术最早于1969年在贝尔实验室研制的Newhall环上采用,1971年提出了其改进算法,即分槽环。令牌环标准在IEEE 802.5中定义。其传输速率为4 Mbit/s或16 Mbit/s,多数采用星状环结构,所有站点在逻辑上构成一个闭合的环路。令牌环技术是在环路上设置一个令牌（Token）,它是一种特殊的比特格式。令牌环的工作原理如图3.1.4所示。

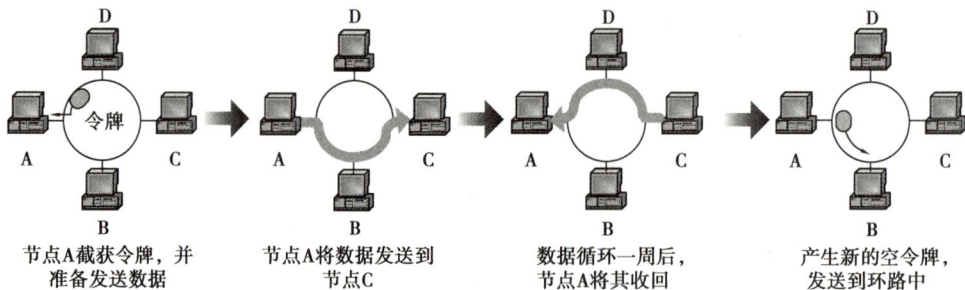

节点A截获令牌,并准备发送数据　　节点A将数据发送到节点C　　数据循环一周后,节点A将其收回　　产生新的空令牌,发送到环路中

图3.1.4　令牌环的工作原理

（3）令牌总线访问控制方法

①令牌总线（Token Bus）网的产生

令牌总线网络的典型代表是美国Data Point公司研制的ARC（Attached Resource Computer）网络,其结构示意图如图3.1.5所示,各站点连接顺序如图3.1.6所示。

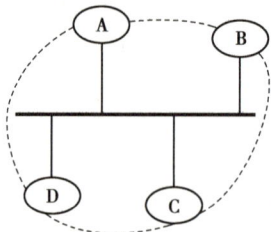

图3.1.5　令牌总线结构示意图　　　　图3.1.6　令牌总线上站点连接顺序图

②令牌总线的工作原理

在令牌总线网中,所有站点都按次序分配到一个逻辑地址,每个工作站点都知道在其之前（前驱）和在其之后的站点（后继）标识,第一个站点的前驱是最后一个站点的标识,而且物理上的位置与其逻辑地址无关。

一个叫作令牌的控制帧规定了访问的权利。总线上的每一个工作站如果需要发送数据,则必须要在得到令牌以后才能发送,即拥有令牌的站点才被允许在指定的一段时间内访问传输介质。当该站发送完信息,或是时间用完了,就将令牌交给逻辑位置上紧接在它后面的站点,该站点由此得到允许数据发送权。这样既保证了发送信息过程中不发生冲突,又确保了每个站点都有公平访问权。

7）以太网技术

（1）以太网的定义

以太网是一种局域网技术,用于在局域网内传输数据。它是一种基于帧的通信协议,通常使用双绞线或光纤作为传输介质。以太网协议规定了数据传输的格式、速度和错误处理等规则,能够实现高效的数据传输和网络通信。以太网通常用于连接计算机、打印机、路由器等设备,是目前最常用的局域网技术之一。

(2)传统以太网技术

传统以太网就是通常所说的 10 Mbit/s 以太网,IEEE 802.3 规定了 4 种规范,如图 3.1.7 所示。

MAC子层	CSMA/CD			
物理层	10BASE-5	10BASE-2	10BASE-T	10BASE-F

图 3.1.7　传统以太网技术

具体含义:以 10BASE-5 为例,10BASE 代表电缆上的信号是基带信号,传输速度为 10 Mbit/s,5 代表网络中每一段电缆最大长度为 500 m,如后面不是数字而是英文字符则表示传输介质,T 为双绞线,F 为光纤。

传统以太网技术现在基本不再使用,本任务不再详细介绍。

(3)快速以太网技术

传输速率为 100 Mbit/s 的以太网技术称为快速以太网(Fast Ethernet)技术。1995 年, IEEE 802.3 委员会正式批准了 Fast Ethernet 802.3u 标准,规定了 4 种有关传输介质的标准, 如图 3.1.8 所示。

标准	传输介质	特性阻抗	最大网段长	说明
100BASE-TX	2 对 5 类 UTP	100 Ω	100 m	采用全双工工作方式,一对用于发送数据,另一对用于接收数据
	2 对 STP	150 Ω		
100BASE-FX	1 对单模光纤	8/125 μm	40 000 m	主要用作高速主干网
	1 对多模光纤	62.5/125 μm	2 000 m	
100BASE-T4	4 对 3 类 UTP	100 Ω	100 m	3 对用于数据传输,1 对用于冲突检测
100BASE-T2	2 对 3 类 UTP	100 Ω	100 m	

图 3.1.8　快速以太网技术

快速以太网技术现在仍是主流局域网所采用的技术,感兴趣的读者可自行了解本单位所使用的局域网是否采用本类技术。

(4)吉比特以太网技术

数据传输速率为 1 000 Mbit/s 的网络称为吉比特以太网(Gigabit Ethernet,行业内习惯称其为千兆以太网)。1996 年,IEEE 802.3 委员会正式成立了 802.3z 工作组,制定了 1000BASE-SX、1000BASE-LX、1000BASE-CX 标准,主要研究使用光纤与短距离屏蔽双绞线的物理层标准。1997 年,IEEE 802.3 委员会正式成立了 802.3ab 工作组,制定了 1000BASE-T 标准,主要研究使用长距离光纤与非屏蔽双绞线的物理层标准。吉比特以太网标准如图 3.1.9 所示。

目前吉比特以太网广泛应用于需要高速数据传输和稳定网络连接的场景,包括企业网络、数据中心、云计算和视频监控等领域。随着网络应用不断发展,千兆以太网技术将继续发挥重要作用,预计将越来越多应用于普通单位内部网络。

标准	传输介质	信号源	说明
1000BASE-SX	50 μm 多模光纤	短波长激光	全双工工作方式,最长传输距离为 550 m
	62.5 μm 多模光纤		全双工工作方式,最长传输距离为 275 m
1000BASE-LX	9 μm 单模光纤	长波长激光	全双工工作方式,最长传输距离为 550 m
	62.5 μm、50 μm 多模光纤		全双工工作方式,最长传输距离为 3 000 m
1000BASE-CX	铜缆		最长有效传输距离为 25 m,使用 9 芯 D 型连接器连接电缆
1000BASE-T	5 类 UTP		最长有效传输距离为 100 m

图 3.1.9 吉比特以太网

(5)万兆以太网技术

万兆以太网技术基本承袭过去以太网、快速以太网及千兆以太网的技术,在用户的普及率、使用的方便性、网络的互操作性及简易性上皆占有极大优势,用户无须担心既有的程序或服务是否会受到影响,因此升级的风险是非常低的。1999 年底 IEEE 802.3ae 工作组成立,进行万兆位以太网技术(10 Gbit/s)的研究,并于 2002 年正式发布 IEEE 802.3ae 10GE 标准。

万兆以太网因技术需求大和造价高仅少量应用于数据中心、云计算、高性能计算和视频传输等领域。随着网络应用不断发展,笔者认为万兆以太网技术将会越来越多地被应用。

8)局域网连接设备

(1)网卡

①网卡的简介:网络接口卡(Network Interface Card,NIC)简称网卡,又叫作网络适配器,是连接计算机和网络硬件的设备,它一般插在计算机的主板扩展槽中,用于实现计算机与网络设备之间的数据传输。

②网卡的工作原理:网卡通过将计算机中的数据转换成网络可以识别的格式,并将网络中的数据转换成计算机可以识别的格式,实现了计算机与网络之间的数据传输和通信。每块网卡都有一个唯一的网络节点地址,也就是我们常说的 MAC 地址。它是网卡生产厂家在生产时烧入 ROM 中的,且保证唯一。MAC 地址前面已经详细介绍,此处不再赘述。

③网卡的分类:根据不同的分类标准,网卡可分为不同的种类,如图 3.1.10 所示。

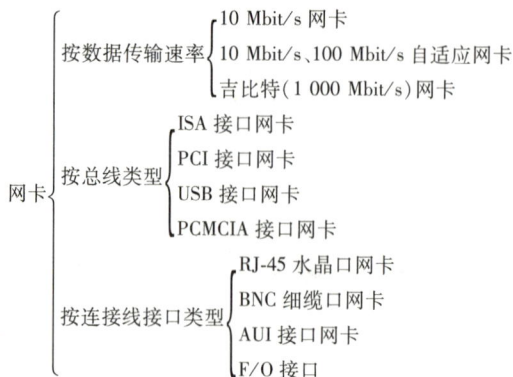

图 3.1.10 网卡的分类

（2）中继器

中继器（Repeater）又称为转发器，它是局域网连接中最简单的设备，作用是将因传输而衰减的信号进行放大、整形和转发，从而扩展局域网的距离。因交换机的普及，中继器现在几乎不再使用，本任务不再详述。

（3）集线器

集线器（Hub）是带有多个端口的中继器（转发器），主要功能是对接收到的信号进行再生整形放大，以扩大网络的传输距离，同时也把所有节点集中在以它为中心的节点上。因交换机的普及，集线器现在不再使用，本任务也不再详述。

（4）交换机

交换机（Switch）也叫作交换式集线器，是局域网中的一种重要设备，它可将用户收到的数据包根据目的地址转发到相应的端口。交换机通过学习和转发数据帧的方式实现数据包的转发和广播控制，从而实现不同设备之间的通信。

交换机是组建局域网最重要的网络设备，任务 3.4 将单独进行介绍。

（5）路由器

路由器（Router）是一种用于在不同网络之间传输数据的网络设备。路由器通过查找目的地址并选择最佳路径来转发数据包，从而实现不同网络之间的通信和数据交换。

严格来讲，路由器不属于局域网组建设备，而属于局域网间连接设备，但是本模块将涉及局域网间连接实训，所以后面也将单独用任务 3.5 进行详细介绍。

3.1.3 课后练习

1.（单选）局域网的特点不包括（   ）。

A.较小的地域范围　　　　　　　　　　B.高传输速率和低误码率

C.一般为一个单位所建　　　　　　　　D.一般侧重共享位置准确无误及传输的安全

2.（单选）IEEE 802.3 物理层标准中的 10BASE-T 标准采用的传输介质为（   ）。

A.双绞线　　　　　B.粗同轴电缆　　　　　C.细同轴电缆　　　　　D.光纤

任务 3.2　查看与修改 IP 地址（实训）

3.2.1 任务描述

IP 地址是终端设备进入网络的必要条件，通过前面任务已经了解了 IP 地址的分类和相关子网原理，本任务将学习如何在计算机和手机中查看和修改设备的 IP 地址。

3.2.2 知识背景

1）计算机端——图形化方式查看

不同的操作系统有不同的图标显示，但是一般的规律是"控制面板"→"网络和共享中心"→"活动的网络连接"→"详细信息"。如需修改静态 IP 地址则在"活动的网络连接"页面点击"属性"，进入 Internet 协议版本（TCP/IPv4）属性，进入静态 IP 地址的修改。本书以 Windows 11 操作系统为例进行演示，如图 3.2.1—图 3.2.7 所示。

图 3.2.1　控制面板图标

图 3.2.2　网络和共享中心

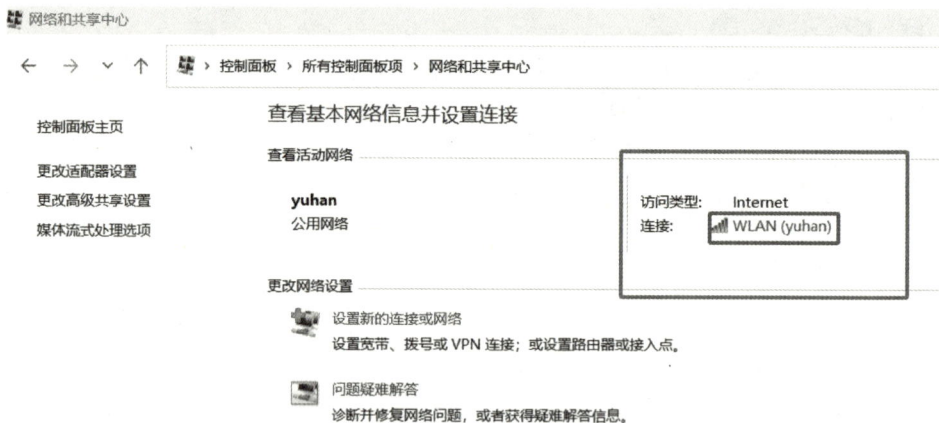

图 3.2.3　活动的网络连接

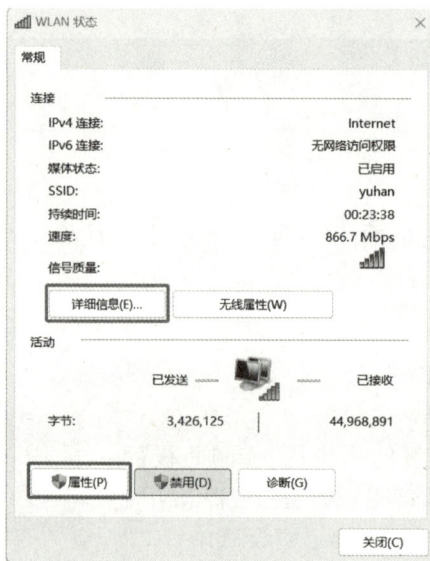

图 3.2.4　网络连接状态

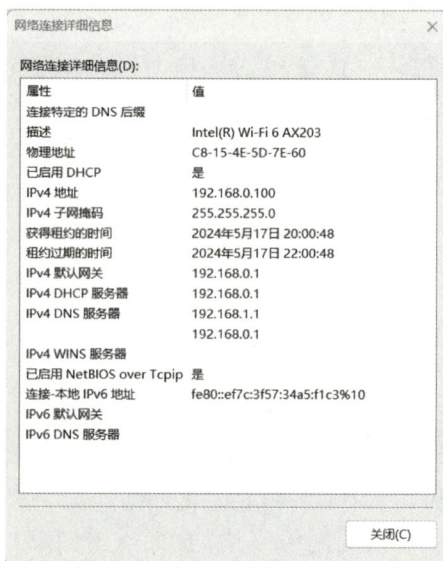

图 3.2.5　网络连接详细信息

図 3.2.6　网络连接属性

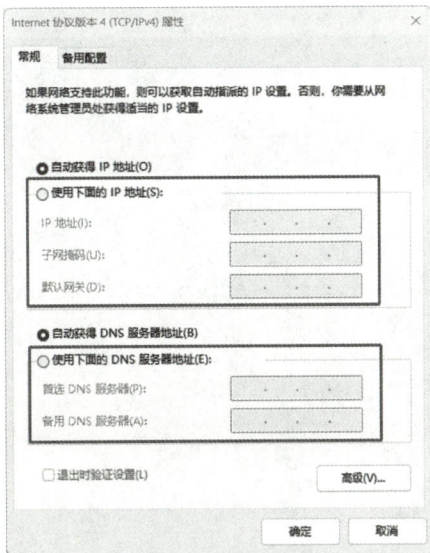

図 3.2.7　静态 IPv4 设置

以上为使用无线网络的操作步骤,如计算机使用网线接入网络,则会在图 3.2.3"活动的网络连接"界面出现"本地连接"对应图标,点击后操作与上面一致。另外,进入"网络和共享中心"有很多种方式,请大家自行了解,进入后的操作是一致的。

2)计算机端——命令行方式查看

使用简单网络命令 ipconfig 可快速查看本机 IP 相关设置,任务 3.3 会详细介绍相关参数,本任务仅演示简单步骤,详细步骤如下:使用 win+R 快捷键调出"运行",输入命令 cmd 进入 DOS 命令提示行,如图 3.2.8—图 3.2.10 所示。

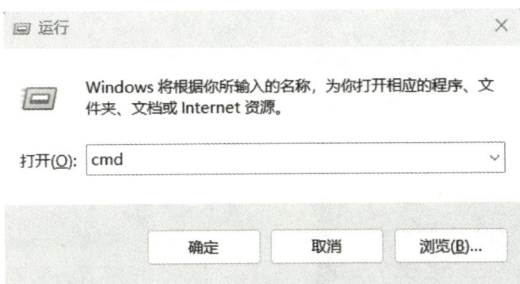

図 3.2.8　打开"运行"并输入命令 cmd

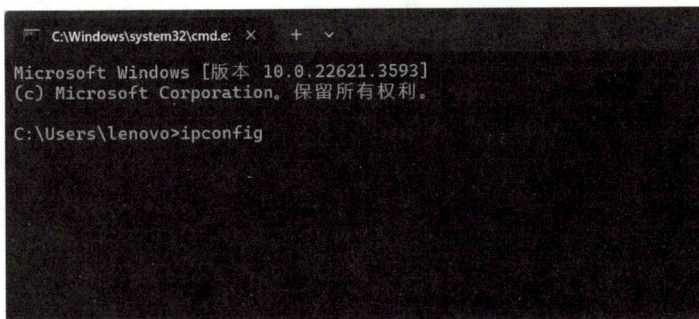

図 3.2.9　进入 DOS 命令提示行并输入 ipconfig

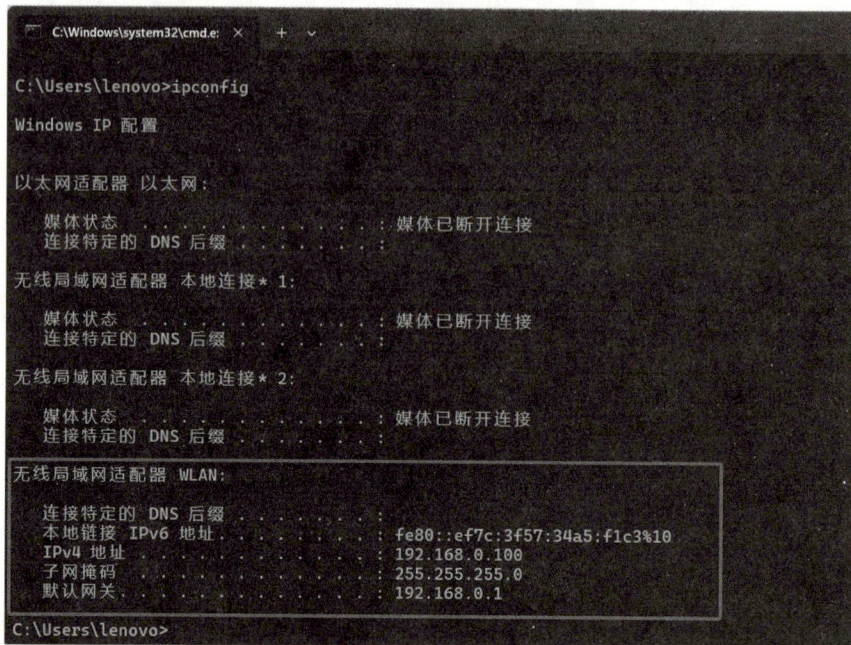

图 3.2.10　显示详细信息

3）手机端——系统设置查看 IP 地址

不同品牌、不同操作系统的手机查看 IP 地址的详细过程多有不同，但主体流程相似，一般为"设置"→"我的设备"→"（全部）参数与信息"→"状态信息"→"IP 地址"，如图 3.2.11—图 3.2.15 所示。

图 3.2.11　设置

图 3.2.12　我的设备

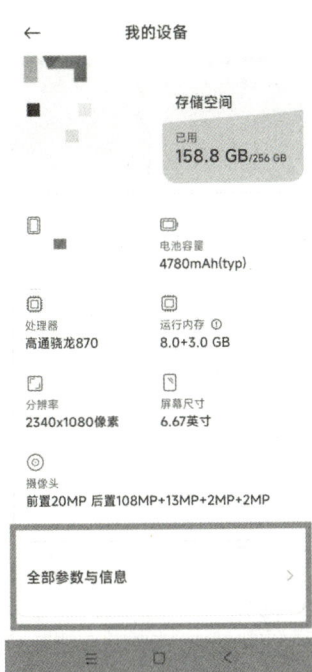

图 3.2.13　全部参数与信息　　　图 3.2.14　状态信息　　　图 3.2.15　手机 IP 地址

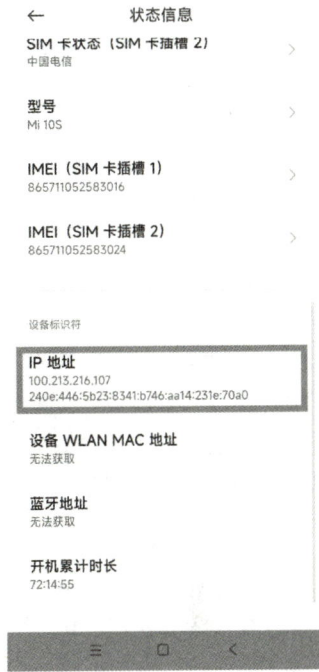

读者可自行查看自己的手机 IP 地址,如有名称不一样或者位置不一样,请自行研究。

4)手机端——第三方 App 查看

有很多第三方 App 可管理手机网络设置,其中本机 IP 地址将是基础显示信息,本书不进行详细介绍,大家知道有这种查看方式即可。

另外,在搜索引擎中搜索"本机 IP",部分服务网站也可显示本机 IP 地址,但本地址为广域网世界的外网 IP 地址,已经过 NAT 技术转换,多和设备内查看到的地址不同,请读者理解其中的原理。

【拓展思考】

1.前文中提到 MAC 地址,在以上查询中是否能查看到设备的 MAC 地址?如不能,那么应该怎样进行查看?请查看自己计算机和手机的 MAC 地址。

2.手机无论连接无线路由器或者使用流量上网,上层均连接路由设备,IP 地址默认为自动获取,也就是通过 DHCP 服务由路由设备自动分配 IP 地址,那手机是否能使用静态 IP 地址方式上网?又该如何修改 IP 地址?请读者自行进行拓展学习。

3.2.3　课后练习

1.查看自己计算机的 IP 地址和 MAC 地址。

2.查看自己手机的 IP 地址和 MAC 地址。

3.修改计算机的 IP 地址并保持网络连接。

4.修改手机的 IP 地址方案为静态 IP 地址并设置合理 IP 地址保持网络连接。

任务 3.3 常用网络命令：ipconfig、Ping（实训）

3.3.1 任务描述

网络命令是用于在计算机网络中执行特定任务的命令。它们可以帮助用户管理网络连接、查看网络状态、诊断网络问题等。一些常用的网络命令包括 ipconfig、Ping、tracert、netstat、nslookup 等。这些命令可以帮助用户了解网络的情况，排除网络故障，提高网络性能。本任务将详细介绍 ipconfig 和 Ping 两个命令的详细使用方法，其他网络命令读者可自行查阅资料学习。

3.3.2 知识背景

1）网络配置查询命令 ipconfig（Windows 操作系统）/ifconfig（Linux 操作系统）

（1）作用

此命令可以显示 IP 协议的具体配置信息，如显示网卡的物理地址、主机的 IP 地址、子网掩码及默认网关等，还可以查看主机名、DNS 服务器、节点类型等相关信息。

（2）语法格式及参数：ipconfig/参数

命令的参数如下所列。

/?：显示所有可用参数信息。

/all：显示所有有关 IP 地址的配置信息。

/batch［file］：将命令结果写入指定文件。

/release_all：释放所有网络适配器。

/renew_ all：重试所有网络适配器。

任务 3.2 中已经使用 ipconfig 命令进行了基本网络信息的查询，图 3.3.1 为使用 ipconfig/all 命令后的截图，可通过对比查看其中的区别。

（3）应用

查看动态获取的 IP 地址。

利用 ipconfig 命令可以让用户很方便地了解到所用主机 IP 地址的实际配置情况，当用户设置的是利用网络中的 DHCP 服务器动态获取 IP 地址时，此命令非常有用，利用它可以清楚地知道本机分配的 IP 地址情况。

2）数据包网际检测程序 Ping 命令

（1）作用

Ping 命令是网络中使用最频繁的小工具，主要用来确定网络的连通性问题。Ping 是 Windows、UNIX、Linux 等操作系统集成的 TCP/IP 应用程序之一。我们可以用组合键 win+R 快速打开"运行"，在"运行"中输入命令"cmd"，进入 DOS 命令提示符下使用。

（2）语法格式及参数：Ping IP 地址或主机名参数

Ping 命令的参数如下所列。

-t：表示 Ping 指定的计算机直到中断。

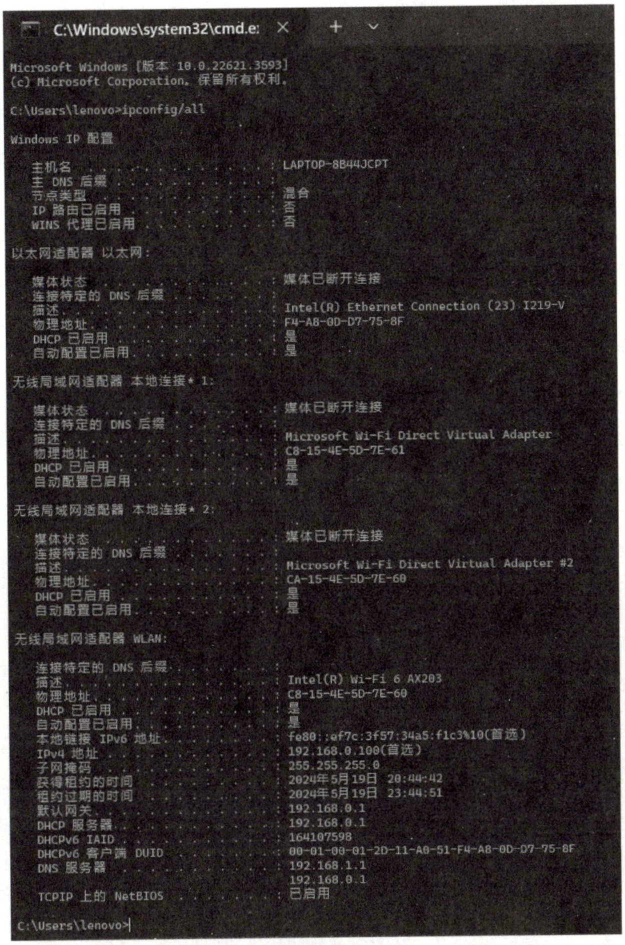

图 3.3.1　ipconfig/all

-a:表示将地址解析为计算机名。

-f:在数据包中发送"不要分段"标志,数据包就不会被路由上的网关分段。

-n:发送 count 指定的 ECHO 数据包数,默认值为 4。

-w:指定超时间隔,单位为 ms。

(3)使用 Ping 命令检查网络故障

①Ping 127.0.0.1。如果不成功表示本机 TCP/IP 的安装或运行存在某些最基本的问题。

②Ping 本机 IP。如果不成功表示本地配置或安装存在问题或者网络中存在相同 IP 地址,出现冲突。

③Ping 局域网内其他 IP。如果成功表示目标计算机和局域网配置正确,网络连接和网络设备工作正常。

④Ping 网关 IP。如果成功,表示局域网中的网关路由器配置及运行正常。

⑤Ping 远程 IP。如果成功表明 Ping 命令成功连接到远程 IP 地址并且成功接收到远程主机的响应,说明网络连接正常。

⑥Ping localhost。localhost 是个操作系统的网络保留名,它是 127.0.0.1 的别名,每台计算机都应该能够将该名字转换成该地址。如果没有做到这一条,则表示主机文件(/Windows/host)中存在问题。

⑦Ping 域名。对域名执行 Ping 命令,你的计算机必须先将域名转换成 IP 地址,通常是通过 DNS 服务器。如果这里出现故障,则表示 DNS 服务器的 IP 地址配置不正确或 DNS 服务器有故障。

(4)Ping 命令的出错信息说明

如果 Ping 命令失败了,这时可注意 Ping 命令显示的出错信息,这种出错信息通常分为以下几种情况。

Request timed out:请求超时。

Destination host unreachable:目标主机不可达。

unknown host:不知名主机。

network unreachable:网络不能到达。

no answer:无响应。

(5)Ping 命令成功的信息说明

英文反馈信息如图 3.3.2 所示。

```
Packet Tracer PC Command Line 1.0
PC>ping 192.168.1.11

Pinging 192.168.1.11 with 32 bytes of data:

Reply from 192.168.1.11: bytes=32 time=1ms TTL=128
Reply from 192.168.1.11: bytes=32 time=1ms TTL=128
Reply from 192.168.1.11: bytes=32 time=0ms TTL=128
Reply from 192.168.1.11: bytes=32 time=1ms TTL=128

Ping statistics for 192.168.1.11:
    Packets: Sent = 4, Received = 4, Lost = 0 (0% loss),
Approximate round trip times in milli-seconds:
    Minimum = 0ms, Maximum = 1ms, Average = 0ms
```

图 3.3.2　英文反馈信息

Reply from [IP 地址]:表示成功接收到目标主机的响应,其中包含目标主机的 IP 地址。

bytes=[数据包大小]:显示发送和接收的数据包大小,通常为 32 字节。

time=[响应时间]ms:显示往返时间,即发送 Ping 请求到接收到响应的时间,单位为毫秒。

TTL=[生存时间]:显示数据包的生存时间,即 TTL 值,用来限制数据包在网络中传输的最大跳数。

Ping statistics for [IP 地址]:表示 Ping 命令的统计信息,包括发送的数据包数量、接收到的数据包数量、丢包率和往返时间等信息。

Packets: Sent = [发送的数据包数量], Received = [接收到的数据包数量], Lost = [丢失的数据包数量] (loss rate [丢包率]):显示发送的数据包数量、接收到的数据包数量和丢失的数据包数量,以及丢包率。

Approximate round trip times in milli-seconds:显示往返时间的统计信息,包括最小、最大和平均响应时间。

现在计算机基本上是汉化显示,如图 3.3.3 所示。

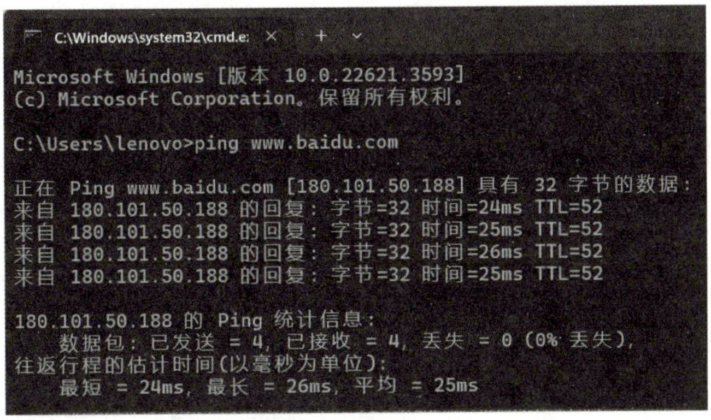

图 3.3.3　汉化显示

3.3.3　课后练习

一、简答题

总结使用 Ping 命令检测网络故障的方法。

二、操作练习

在自己的计算机上通过 ipconfig/all 命令查看本机 IP 相关配置信息,然后依次完成以下操作:

(1)Ping 127.0.0.1。

(2)Ping 本机 IP。

(3)Ping 局域网内其他 IP。建议将手机和计算机连入相同 Wi-Fi,用计算机 Ping 手机 IP 地址。

(4)Ping 网关 IP。

(5)Ping www.baidu.com。

任务 3.4　交换机工作原理及 VLAN 技术

3.4.1　任务描述

交换机是组建局域网最重要的网络设备,随着时代的发展、技术的进步,交换机逐渐取代了集线器等网络设备成为组建局域网的不二选择。在当今网络世界中交换机应用最为广泛,使用量最大。随着三层交换机的出现并广泛应用,交换机在网络世界中越来越重要。为方便讨论,在此后的介绍中,交换机专指二层交换机,如介绍和使用三层交换机不可直接简称为交换机,必须带有"三层"二字。

3.4.2　知识背景

1)交换机

交换机(Switch)也称为交换式集线器,是一种网络设备,用于在局域网(LAN)中转发数据帧。交换机在 OSI 模型中工作在数据链路层(第二层),故也称二层交换机,主要负责根据 MAC 地址学习和转发数据帧。交换机的特点和功能如下所述:

①MAC 地址学习:交换机通过监听网络上的数据帧,学习每台设备的 MAC 地址和其所在的端口,建立 MAC 地址表(也称为转发表)以便快速转发数据帧到目标设备。

②MAC 地址转发:当交换机接收到数据帧时,会查找目标 MAC 地址在 MAC 地址表中的对应端口,并将数据帧转发到相应的端口,实现点对点的数据传输。

③广播和多播处理:交换机会转发广播帧和多播帧到所有端口,以确保所有设备都能收到。

④端口隔离:交换机可将不同端口划分为不同的虚拟局域网(VLAN),实现不同 VLAN 之间的隔离和通信。

⑤工作速率:交换机通常支持不同的速率,如百兆、千兆,甚至更高速率的以太网。

⑥交换机本身无需 IP 地址:交换机通常不需要配置 IP 地址,因为它主要工作在数据链路层,不涉及网络层的 IP 地址。

交换机通过学习和转发 MAC 地址,实现了局域网内部设备之间的高效通信,提高了网络性能和带宽利用率。在现代网络中,交换机是常见的网络设备,用于构建大多数局域网。

2)三层交换机

三层交换机(Layer 3 Switch)是一种特殊的交换机,结合了二层交换机和路由器的功能,能够在网络中实现更高级别的数据转发和路由功能。三层交换机在 OSI 模型中工作在网络层(第三层),故称为三层交换机,具有以下特点和功能:

①MAC 地址学习和 IP 地址学习:除了学习 MAC 地址外,三层交换机还能学习 IP 地址,建立 MAC 地址表和 IP 地址表,以便进行更智能的数据转发和路由决策。

②IP 数据包转发:三层交换机能够根据 IP 地址进行数据包的转发,实现不同子网之间的通信。它具有路由表,根据目标 IP 地址选择最佳路径进行数据包转发。

③VLAN 支持:类似二层交换机,三层交换机也支持 VLAN 的划分和隔离,可以在不同 VLAN 之间进行路由。

④多协议支持:三层交换机通常支持多种网络协议,如 IP、IPv6、OSPF、BGP 等,能够处理不同类型的数据包。

⑤高性能:三层交换机通常具有更高的转发能力和处理能力,能够处理更多的数据流量和连接。

⑥QoS 支持:三层交换机通常支持服务质量(QoS)功能,可以根据流量类型和优先级对数据包进行分类和处理。

⑦安全功能:三层交换机通常具有安全功能,如访问控制列表(ACL)、端口安全、虚拟专用网络(VPN)等,保护网络安全。

三层交换机既具备二层交换机的所有功能,又拥有路由器的大部分功能,在现代网络中扮演了越来越重要的角色,特别是在大型企业网络或数据中心中,用于构建复杂的网络架构和实现高级网络功能。通过结合二层交换和路由功能,三层交换机能够提供更灵活、高效和安全的数据转发和路由服务。

3)VLAN 技术

VLAN(Virtual Local Area Network)是一种逻辑上的局域网划分技术,可将一个物理局域网划分成多个逻辑上独立的虚拟局域网,使不同 VLAN 中的设备可以互相通信,同时实现不同 VLAN 之间的隔离和安全性。以下是关于 VLAN 技术的简介。

（1）逻辑划分

VLAN 技术通过在交换机上配置不同的 VLAN ID,将不同端口或设备划分到不同的 VLAN 中,实现逻辑上的网络划分,如图 3.4.1—图 3.4.3 所示。

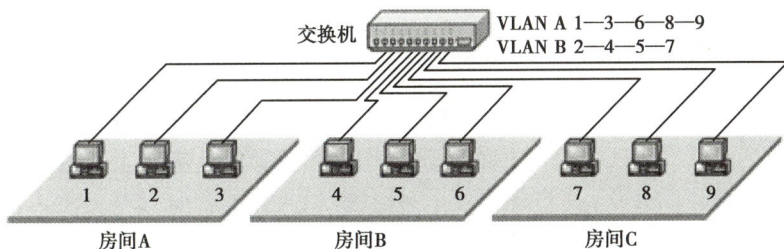

图 3.4.1　交换机物理连接结构

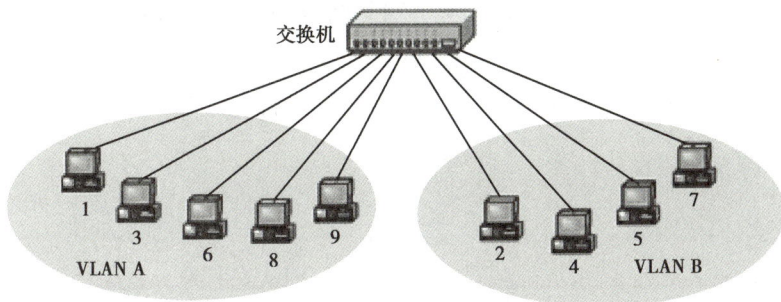

图 3.4.2　交换机的逻辑结构

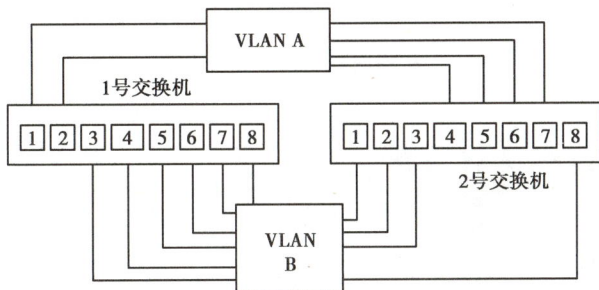

图 3.4.3　跨交换机 VLAN 示例

（2）VLAN 技术优点

①隔离和安全:不同 VLAN 之间的通信需要通过路由器或三层交换机进行,从而实现 VLAN 之间的隔离和安全性,防止未经授权设备之间的通信。

②广播控制:VLAN 可以减少广播风暴的影响,因为广播帧只会在同一个 VLAN 内传播,而不会跨越 VLAN。

③网络性能优化:VLAN 可以根据网络流量和需求灵活划分网络,提高网络性能和带宽利用率。

④虚拟化管理:VLAN 技术使网络管理更加灵活,可以根据需求动态调整 VLAN 配置,简化网络管理和维护。

⑤扩展性:VLAN 技术可以扩展到不同的交换机和网络设备上,实现跨物理设备的虚拟局域网划分。

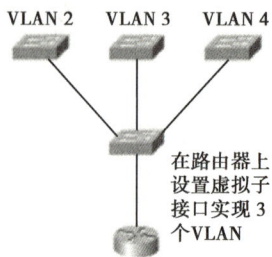

图 3.4.4　路由器实现
VLAN 间通信

⑥支持多种协议：VLAN 技术可以应用于不同类型的网络协议，如以太网、无线网络等。

（3）VLAN 间通信

不同 VLAN 之间的通信需要通过路由器或三层交换机进行。传统方式通过路由器的逻辑子接口与交换机的各个 VLAN 连接实现，俗称单臂路由，如图 3.4.4 所示。

随着三层交换机的出现并迅速普及，现在多采用三层交换机替代路由器实现 VLAN 间通信，后面内容将通过详细案例介绍路由器和三层交换机实现 VLAN 间通信的方法及具体配置过程。

VLAN 技术在企业网络、数据中心、云计算等场景中得到广泛应用，能够提高网络的性能和管理效率。通过合理配置和使用 VLAN 技术，可以构建灵活、安全、高效的网络架构，满足不同应用和业务需求。这将是本模块的学习重点和难点。

3.4.3　课后练习

一、单选题

VLAN 在现代组网技术中占有重要地位，同一个 VLAN 中的两台主机(　　　)。

A.必须连接在同一交换机上　　　　　B.可以跨越多台交换机

C.必须连接在同一集线器上　　　　　D.可以跨越多台路由器

二、判断题

不同 VLAN 之间的主机不借助路由设备可以相互通信。(　　　)

任务 3.5　路由器及工作原理

3.5.1　任务描述

路由器是网络世界中最重要的设备之一，承担连接不同类型网络，选择最优路线，数据交换等重要功能。简单总结，组建局域网用交换机，连接广域网用路由器。接下来就让我们详细了解一下路由器的工作原理吧。

3.5.2　知识背景

1）路由器简介

路由器（Router，又称路径器）是一种计算机网络设备，它能将数据打包通过网络一个个传送至目的地（选择数据的传输路径），这个过程称为路由。路由器就是连接两个以上网络的设备，路由工作在 OSI 模型的第三层，即网络层。

2）路由器的功能

路由器一般具有以下 3 个基本功能：

①连接功能。路由器不但可以连接不同的 LAN，还可以连接不同的网络类型（如 LAN

或 WAN)、不同速率的链路或子网接口。

②网络地址判断、最佳路由选择和数据处理功能。路由器为每一种网络层协议建立路由表,并对其加以维护。

③设备管理。由于路由器工作在网络层,因此可以了解更多的高层信息,可通过软件协议本身的流量控制功能控制数据转发的流量,以解决拥塞问题。路由器还可以提供对网络配置管理、容错管理和性能管理的支持。

除了基本功能,路由器一般还具备以下功能:

①NAT(网络地址转换):将私有 IP 地址(如局域网内部地址)转换为公共 IP 地址,以实现多台设备共享一个公共 IP 地址的功能。

②DHCP(动态主机配置协议)服务器:为局域网内的设备分配 IP 地址、子网掩码和网关等网络配置信息。

③防火墙:通过端口过滤、NAT、访问控制列表等功能,保护局域网免受网络攻击和不良流量的侵害。

④VPN(虚拟专用网络)支持:路由器可以支持不同地点的网络之间建立安全的加密通道,以实现远程访问和安全数据传输。

3)路由器分类

路由器发展到现在,有多种分类方式。

(1)按照应用环境分类

家用路由器:适用于家庭网络环境,提供基本的 Wi-Fi 连接和简单的网络管理功能。

商用路由器:适用于中小型企业办公室等商业环境,提供更强大的性能、安全性和管理功能。

企业级路由器:专为大型企业、组织、金融机构等设计,具备高性能、高安全性和可扩展性。

云路由器:基于云技术的路由器,支持在云端进行集中管理和配置。

(2)按照连接方式分类

有线路由器:通过以太网连接传输数据,适用于需要稳定有线网络连接的场景。

无线路由器:支持 Wi-Fi 连接,提供无线网络覆盖,适用于移动设备和需要无线连接的场景。

混合路由器:支持有线和无线两种连接方式,可同时满足有线和无线网络需求。

(3)按照功能分类

家用网关路由器:集成了路由器、交换机、防火墙、DHCP 服务器等功能。

安全路由器:专注于网络安全功能,如防火墙、VPN、入侵检测等。

企业级核心路由器:提供高性能和复杂的路由功能,用于大型企业或数据中心。

4)路由和路由表

(1)静态路由

由系统管理员事先设置好的固定路由称为静态(Static)路由,形成的路由表为静态路由表,一般是在系统安装时就根据网络的配置情况预先设定的,它不会随网络结构的改变而改变。

静态路由的优点包括：

①静态配置：管理员需要手动配置路由器上的静态路由信息，包括目的网络地址、下一跳地址等。

②适用于小型网络：静态路由适用于小型网络或需求简单、拓扑结构稳定的网络环境。

③稳定性：静态路由不会随着网络拓扑或链路状态的变化而自动更新，因此相对稳定，适用于对稳定性要求较高的网络场景。

④安全性：由于静态路由需要手动配置，因此相对动态路由具有一定的安全性优势，可减少不必要的路由更新和信息泄露。

⑤控制灵活：管理员可根据需要控制特定流量的转发路径，通过静态路由来实现流量控制和负载分担等功能。

静态路由的缺点包括：

①不适用于大型复杂网络。

②难以管理大量路由信息。

③无法应对网络拓扑和链路状态的频繁变化。

（2）动态路由

动态（Dynamic）路由是路由器根据网络系统的运行情况而自动调整形成路由表的路由方式。路由器根据路由协议（Routing Protocol）提供的功能，自动学习和记忆网络运行情况，在需要时自动计算出数据传输的最佳路径。常见的动态路由协议包括路由信息协议（Routing Information Protocol，RIP）、开放最短通路优先协议（Open Shortest Path First，OSPF）、增强内部网关路由协议（Enhanced Interior Gateway Routing Protocol，EIGRP）、边界网关协议（Border Gateway Protocol，BGP）等。不同的动态路由协议适用于不同规模和需求的网络环境，管理员需要根据实际情况选择合适的动态路由协议来优化网络路由管理。

动态路由的优点包括：

①自动更新：动态路由协议可自动更新路由表，根据网络拓扑结构的动态变化和链路状态的变化来选择最佳的路由路径，减少管理员手动操作的概率。

②适用于大型网络：动态路由适用于大型、复杂的网络环境，能够更好地应对大量路由信息的管理和网络拓扑的变化。

③快速适应：动态路由具有快速适应的能力，当网络发生变化或出现故障时，可快速调整路由路径以保证数据的传输。

④负载均衡：动态路由协议支持负载均衡和多路径选择功能，可以更好地利用网络资源，提高网络性能和效率。

⑤易于扩展：动态路由协议支持网络的扩展和增加新的路由器，具有良好的扩展性。

动态路由的缺点包括：

①复杂性：动态路由系统比静态路由配置更为复杂，包括协议选择、参数设置、网络分析等，需要更多的管理和维护工作。

②网络开销：动态路由协议会产生一定的网络开销，包括协议交换、路由算法计算等，可能会影响网络性能。

③安全性：动态路由可能存在安全性方面的问题，如路由欺骗、路由篡改等，需要采取相

应的安全措施保护路由协议和路由器之间的通信。

④不稳定性:某些情况下,不正确的动态路由设置可能导致路由震荡或环路等问题,影响网络的稳定性。

5)网关

网关是连接不同网络的设备或计算机系统,其作用是在不同网络之间传递数据包,实现网络通信和数据交换。网关可以是硬件设备、软件程序或协议,其主要功能如下所述:

①数据传输:网关能够转发数据包和信息,使其在不同网络之间传递,充当数据传输的中继站点。

②协议翻译:网关可以将一个协议格式的数据包转换成另一种协议格式,实现不同协议网络的连接。

③安全性监控:网关可以监视网络流量、过滤恶意流量、检测网络攻击、保护网络安全。

④地址转换:网关可以实现网络地址转换(NAT)等功能,将内部私有地址映射成外部公共地址,实现网络访问。

⑤访问控制:网关可以控制用户访问网络资源的权限,限制网络连接、过滤数据流、实施访问控制策略。

⑥路由选择:网关可以根据配置的路由表选择最佳的路径转发数据包,实现网络的路由管理。

根据其功能和位置不同,网关可分为以下几种类型:

①路由器:用于连接不同网络,进行数据包的路由转发,实现网络互联。

②防火墙网关:作为网络边界设备,负责监控和过滤网络流量,保护网络安全。

③代理网关:用于代理网络请求,隔离客户端和服务器,提供更为安全和高效的网络访问。

④NAT网关:用于网络地址转换,将内部私有地址映射成外部公共地址,实现局域网和外部网络的连接。

总的来说,网关在网络中有着连接不同网络、实现数据交换和管理网络流量等重要功能,是网络通信不可或缺的组成部分。在企业组网时网关一般配置在路由器中,随着三层交换机的出现,底层网关也可配置在三层交换机中,后面将通过组网实例进行学习。

【知识拓展】

生活中最常见的路由器为家用无线路由器,目前很多单位正在架设商用无线路由器,此两者构造类似,功能也类似。但在技术层面讲到路由器时,一般指传统的企业级路由器,其外观与交换机相似,和无线路由器完全不同。后期关于企业级路由器和家用无线路由器将有相关的组网实训练习任务,请读者做好区分。

3.5.3　课后练习

一、单选题

1.当网络A上的一个主机向网络B上的一个主机发送报文时,路由器要检查(　　　)地址。

A.端口　　　　　　　B.IP　　　　　　　C.物理　　　　　　　　D.上述的都不是

2.有一种互联设备工作于网络层,它既可用于相同(或相似)网络间的互联,也可用于异构网络间的互联,这种设备是(　　)。

A.集线器　　　　　B.交换机　　　　　C.路由器　　　　　　D.网关

二、判断题

路由器工作在 TCP/IP 参考模型中的物理层。(　　)

任务 3.6　Cisco Packet Tracer 简介及安装方法(实训)

3.6.1　任务描述

网络设备的配置是网络搭建与管理的难点,真实的网络设备价格昂贵,学习者很难接触到,且网络搭建需要结合实际网络环境,而一个单位的网络中心多为管理"重地",非直接管理人员很难接触,更不可能使用真实网络做实验。为了方便爱好者学习网络设备的功能与配置方法,网络设备制造商多开发虚拟仿真软件,一般统称为"网络模拟器",本任务将以思科公司的 Cisco Packet Tracer 软件为例进行介绍,后续实验也将使用 Cisco Packet Tracer 软件进行操作。

3.6.2　知识背景

1)思科简介

思科(Cisco Systems,Inc.)是一家美国科技公司,总部位于加利福尼亚州圣何塞。思科成立于 1984 年,由莱奇·伯克和莫娜·沃克共同创立。该公司主要从事网络设备、通信技术和服务的设计、制造与销售。

思科是全球最大的网络设备供应商之一,产品涵盖了路由器、交换机、安全设备、无线网络设备等多个领域。思科的技术和解决方案被广泛应用于企业、政府机构、服务提供商等各个领域。

2)Cisco Packet Tracer 简介

Cisco Packet Tracer 是思科公司推出的一款网络模拟软件,用于模拟网络设备和网络拓扑,帮助用户进行网络设计、配置和故障排除。Cisco Packet Tracer 是一款免费软件,适用于教育和培训领域,可用于教学、实验、实践和演示多种网络概念和技术。

Cisco Packet Tracer 提供了丰富的思科网络设备模型,包括路由器、交换机、防火墙等,用户可在软件中搭建各种网络拓扑,配置设备参数,进行数据包的发送和捕获等操作。Packet Tracer 还支持模拟多种网络协议和技术,如 VLAN、STP、OSPF、IPv6 等,帮助用户深入理解网络原理和技术。

Cisco Packet Tracer 具有直观友好的用户界面,操作简单易懂,适合初学者使用。同时,它还提供了丰富的教学资源和实验模板,供教师和学生进行网络实验和演示。Cisco Packet Tracer 还支持多平台,可在 Windows、macOS 和 Linux 等操作系统上运行。

总的来说,Cisco Packet Tracer 是一款功能强大的网络模拟工具,广泛应用于学校、培训机构和企业等领域,帮助用户提升网络技术实操能力和理解网络概念。

3) Cisco Packet Tracer 软件安装与汉化

Cisco Packet Tracer 软件已发布很多版本,本任务以 6.2 版本为例进行讲解,具体安装步骤如下所述。

①下载安装文件,如图 3.6.1 所示。

图 3.6.1　下载安装文件

②打开安装文件,点击"Next"(图 3.6.2)。

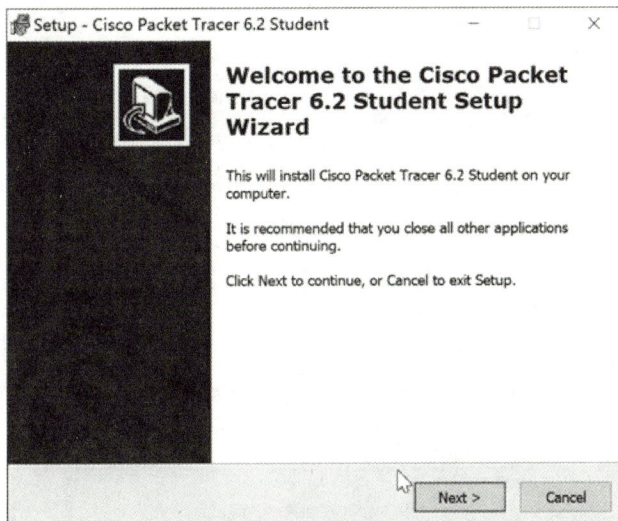

图 3.6.2　打开安装文件

③选择"I accept the agreement",点击"Next"(图 3.6.3)。

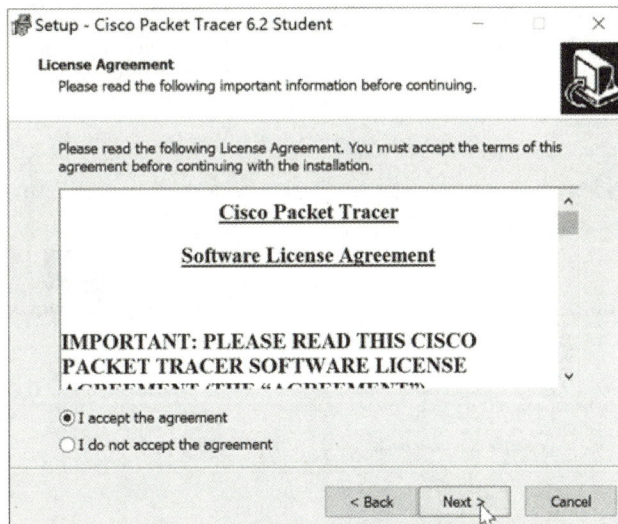

图 3.6.3　许可协议

④选择安装位置,点击"Next",如图 3.6.4 所示,建议不要安装到 C 盘。

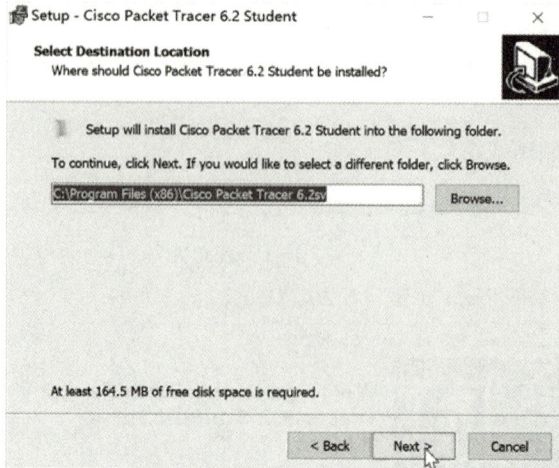

图 3.6.4　选择安装位置

⑤点击"Next",如图 3.6.5 所示。

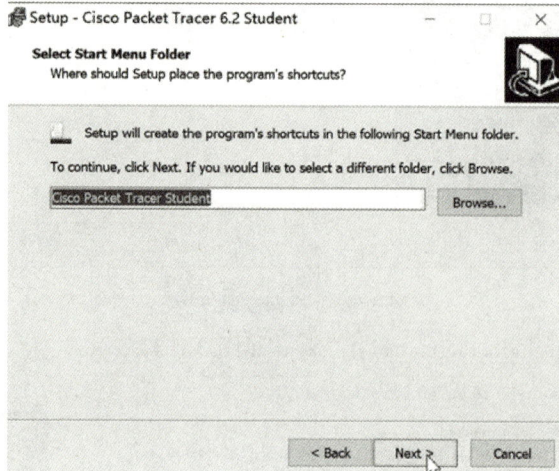

图 3.6.5　创建"开始"菜单目录

⑥选择创建桌面图标和快速启动图标(根据自己需求选择),点击"Next",如图 3.6.6 所示。

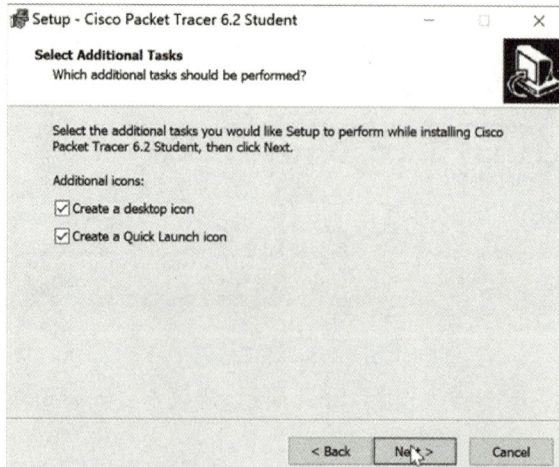

图 3.6.6　创建桌面图标和快速启动图标

⑦点击"Install"（图 3.6.7）。

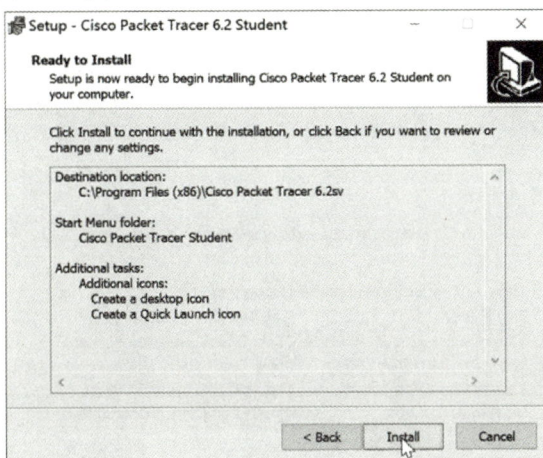

图 3.6.7　安装

⑧等待安装，如图 3.6.8 所示。

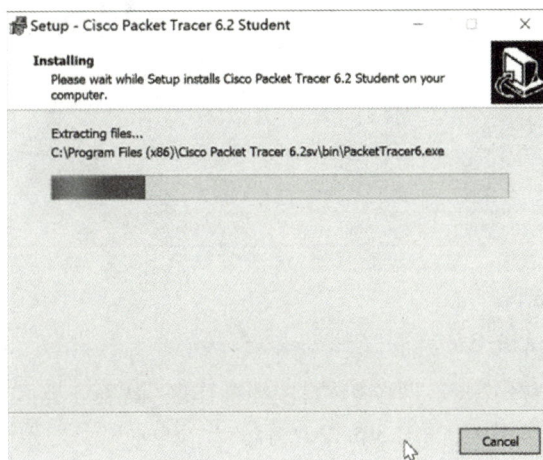

图 3.6.8　等待安装

⑨点击"确定"→"Finish"，如图 3.6.9 所示。

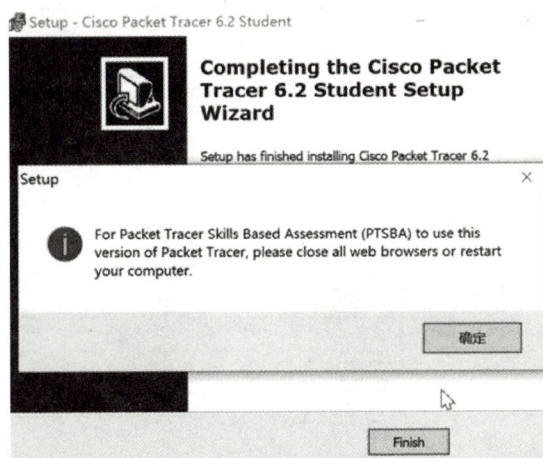

图 3.6.9　完成

🗋 Chinese.ptl　　⑩安装完成。

图 3.6.10　　安装完成后,用户可根据需要进行汉化处理,步骤如下所述。

复制文件　　①将如图 3.6.10 所示文件复制到软件安装位置的"languages"文件夹中。

②启动软件后点击"Options"菜单,打开"Preferences",选择"Chinese.ptl"后点击"更改语言包"。

图 3.6.11　更改语言包

③重启软件,汉化完成。

4)Cisco Packet Tracer 6.2 界面简介

整体界面包括六大常用区域,即菜单栏、快捷操作区、设备分类区、具体设备或者设备型号区、操作区、添加设备作图区,如图 3.6.12 所示。

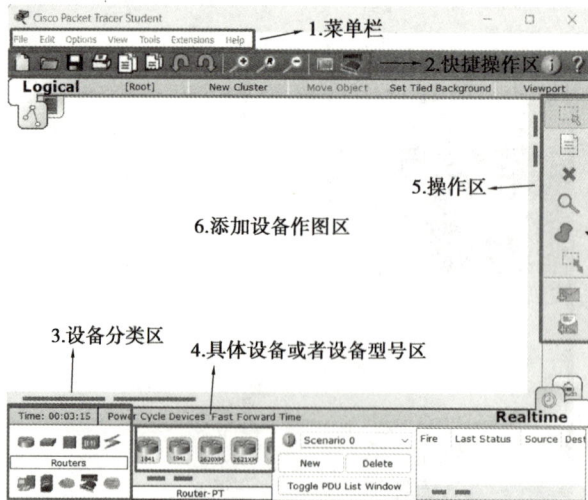

图 3.6.12　常用区域

①菜单栏及快捷操作区:包括新建、保存、另存为、撤销、显示、选项等常用操作。

②设备分类及具体设备区:先选择设备大类,再选择具体型号,最后拖动设备到作图区。

③操作区:包括选择、备注信息、删除、缩放、区域等功能。

【课程思政】

随着国家政策的引领和支持,我国网络硬件企业有了极大的发展,国产网络软硬件在部分领域达到了国际领先的水平,作为当前国产网络硬件最大供应商的华为公司也推出了自己的网络模拟器——eNSP(Enterprise Network Simulation Platform)。近年来网络安全事件频发,网络设备国产化势在必行,遗憾的是相较于 Cisco Packet Tracer 软件,eNSP 仍有一些短板,如操作的简易度、软件运行的速度和稳定性、软件的空间使用量、软件运行时的内存及 CPU 使用率等,作为初学者还是建议先使用 Cisco Packet Tracer 进行基础理论学习和操作练习。笔者相信国产网络模拟器还会不断进步,我们会在适当的时间将本书相关操作转换到国产软件中。希望有相关开发能力的读者通过自己的使用体验为国产软件的进步贡献一份力量,尽早实现软硬件的国产化,彻底击破国外科技公司的"卡脖子"战略!

3.6.3　课后练习

请学习本节相关微课视频并自行下载软件进行操作练习。

任务 3.7　综合实训 1——局域网组建

3.7.1　任务描述

学校机房中有 40 台计算机,每排放置 10 台,共 4 排,由 2 台 24 口交换机提供网络接入支持,选取每排中的第一台计算机作为代表,要求配置合理 IP 地址,组建小型局域网,最终实现计算机之间能够互相通过 Ping 命令进行连接性测试(简称 Ping 通)。

3.7.2　任务分析

①子网技术:所有计算机 IP 地址的网段号相同,保持物理连接正确,即自动形成局域网。

②交换机工作原理:多台交换机组建一个局域网,用直通线连接计算机和交换机端口,交换机之间用交叉线连接,普通局域网无须对交换机进行配置。

③交换机数量确定:24 口交换机连接外网时最多可连接"$22n+1$"台计算机,不连接外网时最多可连接"$22n+2$"台计算机,其中 n 为交换机数量。反推可计算多少台计算机联网需要多少台 24 口交换机。

④普通局域网功能不需要设置网关和 DNS。

3.7.3　任务实施

(1)实施步骤

步骤 1　添加 2 台 2950-24 型号交换机和 4 台台式计算机,用直通线连接计算机和交换机端口,交换机之间用交叉线连接。具体连接端口号从原理上来讲是任意的,但是在日常操作中建议有规律地连接以便于管理,本任务中计算机分别连接 1 号和 11 号端口,24 号端口用来连接交换机,最终形成如图 3.7.1 所示拓扑图。

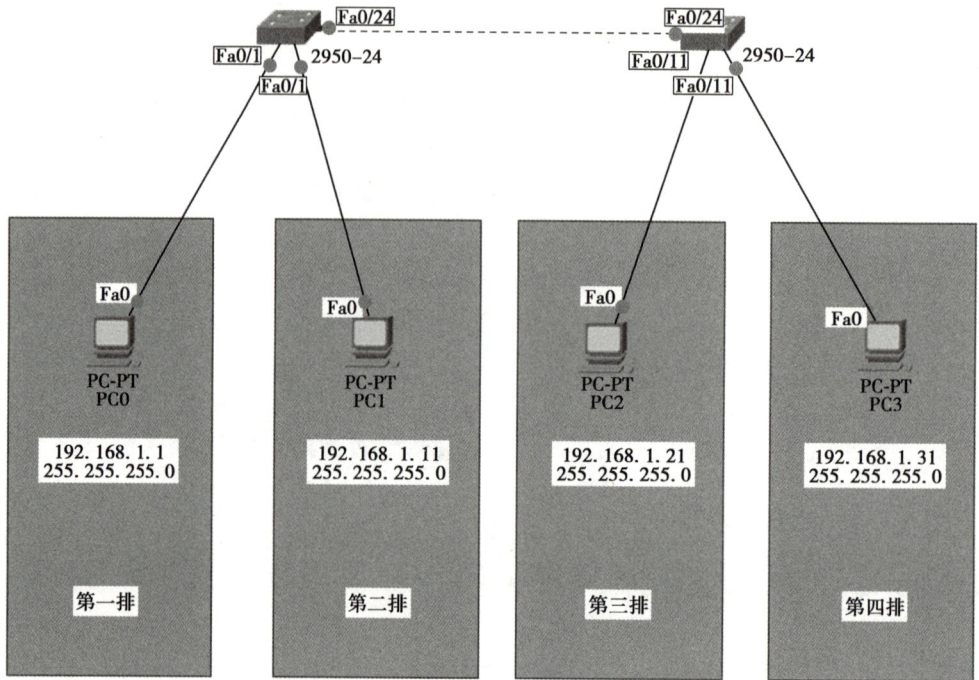

图 3.7.1　拓扑图

步骤 2　设置 4 台计算机的 IP 地址依次为 192.168.1.1,192.168.1.11,192.168.1.21,192.168.1.31,子网掩码均使用默认掩码 255.255.255.0。以最左侧第一台计算机为例,具体步骤如下:点击"计算机",在弹出的页面中点击"Desktop"选项卡,随后点击"IP configuration",在弹出的页面中填入 IP 地址和子网掩码即可,其中子网掩码按默认填写,本任务不需要修改。操作步骤如图 3.7.2—图 3.7.4 所示。

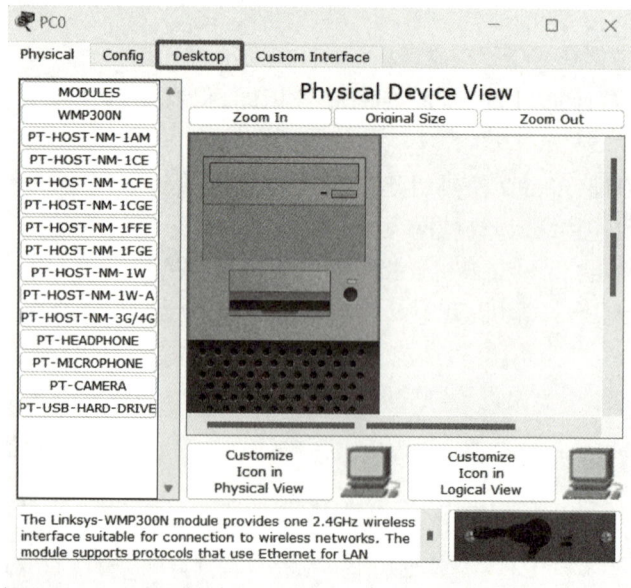

图 3.7.2　"Desktop"选项卡

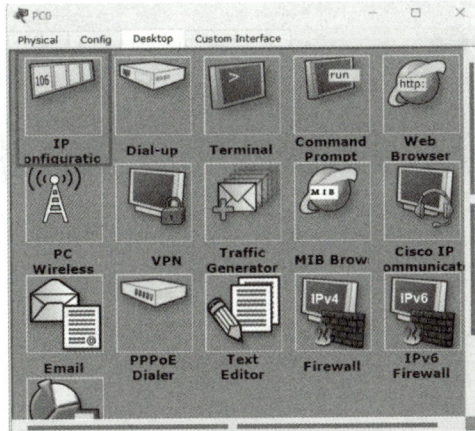

图 3.7.3 "IP configuration"

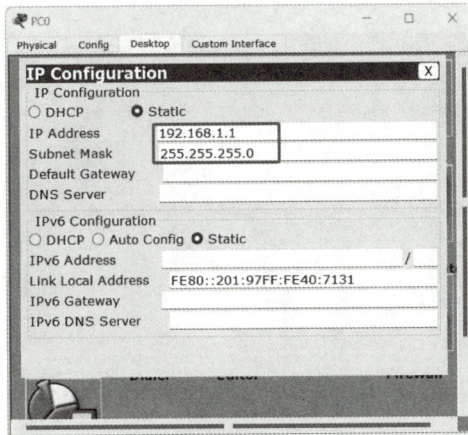

图 3.7.4 IP 地址和子网掩码

（2）结果验证

在第一台计算机中，点击"Desktop"选项卡→"Command Prompt"，如图 3.7.5 所示。依次输入命令"ping 192.168.1.11""ping 192.168.1.21""ping 192.168.1.31"后回车，注意要使用纯英文输入法输入命令。均能 Ping 通即配置正确，如图 3.7.6 所示。

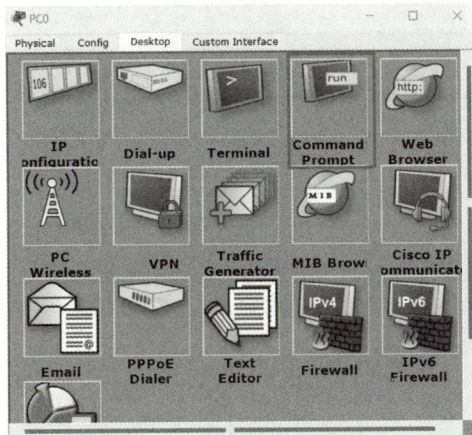

图 3.7.5 "Command Prompt"

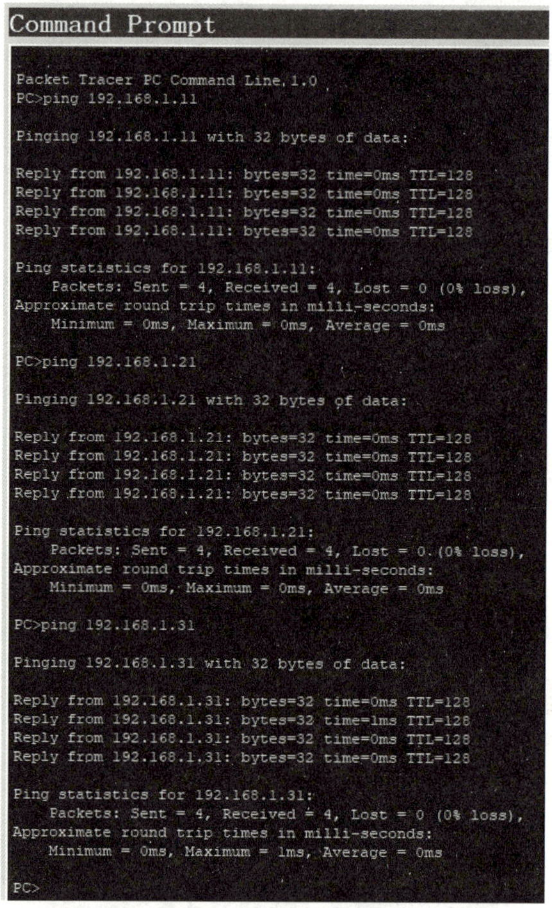

```
Command Prompt

Packet Tracer PC Command Line 1.0
PC>ping 192.168.1.11

Pinging 192.168.1.11 with 32 bytes of data:

Reply from 192.168.1.11: bytes=32 time=0ms TTL=128
Reply from 192.168.1.11: bytes=32 time=0ms TTL=128
Reply from 192.168.1.11: bytes=32 time=0ms TTL=128
Reply from 192.168.1.11: bytes=32 time=0ms TTL=128

Ping statistics for 192.168.1.11:
    Packets: Sent = 4, Received = 4, Lost = 0 (0% loss),
Approximate round trip times in milli-seconds:
    Minimum = 0ms, Maximum = 0ms, Average = 0ms

PC>ping 192.168.1.21

Pinging 192.168.1.21 with 32 bytes of data:

Reply from 192.168.1.21: bytes=32 time=0ms TTL=128
Reply from 192.168.1.21: bytes=32 time=0ms TTL=128
Reply from 192.168.1.21: bytes=32 time=0ms TTL=128
Reply from 192.168.1.21: bytes=32 time=0ms TTL=128

Ping statistics for 192.168.1.21:
    Packets: Sent = 4, Received = 4, Lost = 0 (0% loss),
Approximate round trip times in milli-seconds:
    Minimum = 0ms, Maximum = 0ms, Average = 0ms

PC>ping 192.168.1.31

Pinging 192.168.1.31 with 32 bytes of data:

Reply from 192.168.1.31: bytes=32 time=0ms TTL=128
Reply from 192.168.1.31: bytes=32 time=1ms TTL=128
Reply from 192.168.1.31: bytes=32 time=0ms TTL=128
Reply from 192.168.1.31: bytes=32 time=0ms TTL=128

Ping statistics for 192.168.1.31:
    Packets: Sent = 4, Received = 4, Lost = 0 (0% loss),
Approximate round trip times in milli-seconds:
    Minimum = 0ms, Maximum = 1ms, Average = 0ms

PC>
```

图 3.7.6　结果显示

3.7.4　任务评价

序号	评分点	分值	得分
1	设备添加正确	20 分	
2	网线及端口连接正确	20 分	
3	4 台计算机 IP 地址及子网掩码设置正确	每台 10 分,共 40 分	
4	正确使用 Ping 命令进行测试	10 分	
5	Ping 结果正确	10 分	
合计		100 分	

任务 3.8 综合实训 2——单台交换机划分 VLAN

3.8.1 任务描述

你是学校的网络管理员,信息工程学院有教务科、学生科等部门,为了安全、便捷地实行管理,学校领导要求组建局域网,使相同部门内部主机可以相互访问,但部门之间禁止互访。

3.8.2 任务分析

将交换机划分成两个 VLAN,使每个部门的主机在相同 VLAN 中。具体划分如下:教务科在 VLAN 10 中,命名为 jwk,VLAN 10 包含 Fa0/1~Fa0/10 端口;学生科在 VLAN 20 中,命名为 xsk,VLAN 20 包含 Fa0/11~Fa0/20 端口。连接 4 台计算机(教务科 2 台和学生科 2 台),教务科计算机 IP 地址设置为 192.168.1.11/24 和 192.168.1.12/24,连接 Fa0/1 和 Fa0/2 端口,学生科计算机 IP 地址设置为 192.168.1.21/24 和 192.168.1.22/24,连接 Fa0/11 和 Fa0/12 端口,这样,在同一 VLAN 内的主机能够相互访问,不同 VLAN 之间主机不能相互访问,达到学校要求。拓扑图如图 3.8.1 所示。

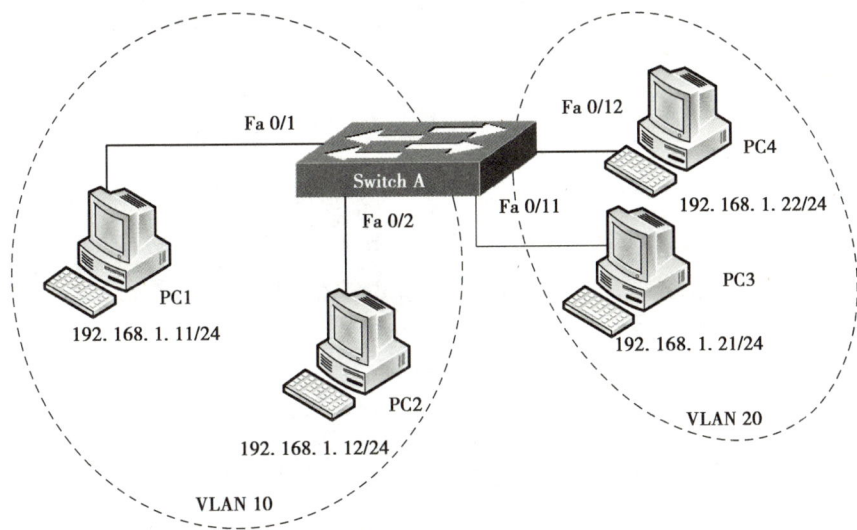

图 3.8.1 拓扑图

3.8.3 任务实施

(1)实施步骤

步骤 1 添加交换机和 4 台计算机。

步骤 2 用直通线连接计算机和交换机,注意端口按照任务分析的规划连接。

步骤 3 设置 4 台计算机的 IP 地址和子网掩码,子网掩码用默认即可。

步骤 4 交换机端配置 VLAN 设置,详细命令如下(本书中思科设备命令统一使用简写方式,具体完整命令与简写对照见本书最后的附表):

```
Switch>en ················································ (切换到特权模式)
Switch#conf t ············································ (切换到全局配置模式)
Switch(config)#vlan 10 ································· (创建 VLAN 10)
Switch(config-vlan)#name jwk ····················· (VLAN 10 命名为 jwk)
Switch(config-vlan)#vlan 20 ························· (创建 VLAN 20)
Switch(config-vlan)#name xsk ····················· (VLAN 20 命名为 xsk)
Switch(config-vlan)#int ra fa0/1-10 ··········· (进入 Fa0/1~Fa0/10 十个连续端口)
Switch(config-if-range)#swi mo acc ··········· (端口模式设置为 access 接入模式)
Switch(config-if-range)#swi acc vlan 10 ····· (端口接入 VLAN 10)
Switch(config-if-range)#int ra fa0/11-20 ····· (进入 Fa 0/11~Fa 0/20 十个连续端口)
Switch(config-if-range)#swi mo acc ··········· (端口模式设置为 access 接入模式)
Switch(config-if-range)#swi acc vlan 20 ····· (端口接入 VLAN 20)
Switch(config-if-range)#end ························· (结束,回到特权模式)
Switch#
```

（2）结果验证

①交换机显示 VLAN 配置结果,如图 3.8.2 所示。

```
Switch#sh vlan ················································································· (显示 VLAN 配置)
```

```
Switch#sh vlan

VLAN Name                             Status    Ports
---- -------------------------------- --------- -------------------------------
1    default                          active    Fa0/21, Fa0/22, Fa0/23, Fa0/24
10   jwk                              active    Fa0/1, Fa0/2, Fa0/3, Fa0/4
                                                Fa0/5, Fa0/6, Fa0/7, Fa0/8
                                                Fa0/9, Fa0/10
20   xsk                              active    Fa0/11, Fa0/12, Fa0/13, Fa0/14
                                                Fa0/15, Fa0/16, Fa0/17, Fa0/18
                                                Fa0/19, Fa0/20
1002 fddi-default                     act/unsup
1003 token-ring-default               act/unsup
1004 fddinet-default                  act/unsup
1005 trnet-default                    act/unsup

VLAN Type  SAID     MTU   Parent RingNo BridgeNo Stp  BrdgMode Trans1 Trans2
---- ----- -------- ----- ------ ------ -------- ---- -------- ------ ------
1    enet  100001   1500  -      -      -        -    -        0      0
10   enet  100010   1500  -      -      -        -    -        0      0
20   enet  100020   1500  -      -      -        -    -        0      0
1002 fddi  101002   1500  -      -      -        -    -        0      0
1003 tr    101003   1500  -      -      -        -    -        0      0
 --More--
```

图 3.8.2　交换机显示 VLAN 配置结果

②用 IP 地址为 192.168.1.11 的计算机 Ping 另外 3 台计算机,结果如图 3.8.3 所示。

（3）结果分析

IP 地址分别为 192.168.1.11/12/21/22,子网掩码均为 255.255.255.0 的 4 台计算机连入同一台交换机,如不作特殊设置,4 台计算机本该处于同一局域网,可以相互 Ping 通,但通过 VLAN 设置,两两可以 Ping 通,不同部门之间计算机不能 Ping 通,实现了规划目标。

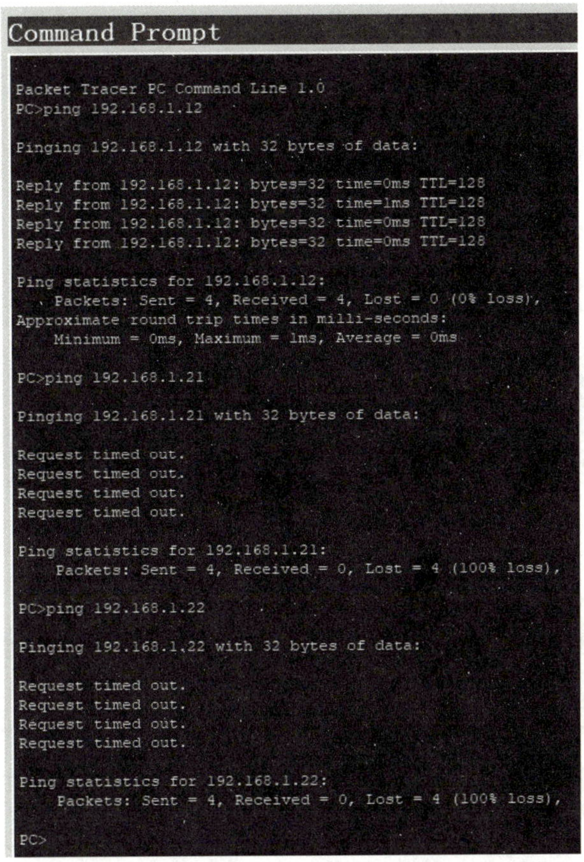

```
Command Prompt

Packet Tracer PC Command Line 1.0
PC>ping 192.168.1.12

Pinging 192.168.1.12 with 32 bytes of data:

Reply from 192.168.1.12: bytes=32 time=0ms TTL=128
Reply from 192.168.1.12: bytes=32 time=1ms TTL=128
Reply from 192.168.1.12: bytes=32 time=0ms TTL=128
Reply from 192.168.1.12: bytes=32 time=0ms TTL=128

Ping statistics for 192.168.1.12:
    Packets: Sent = 4, Received = 4, Lost = 0 (0% loss),
Approximate round trip times in milli-seconds:
    Minimum = 0ms, Maximum = 1ms, Average = 0ms

PC>ping 192.168.1.21

Pinging 192.168.1.21 with 32 bytes of data:

Request timed out.
Request timed out.
Request timed out.
Request timed out.

Ping statistics for 192.168.1.21:
    Packets: Sent = 4, Received = 0, Lost = 4 (100% loss),

PC>ping 192.168.1.22

Pinging 192.168.1.22 with 32 bytes of data:

Request timed out.
Request timed out.
Request timed out.
Request timed out.

Ping statistics for 192.168.1.22:
    Packets: Sent = 4, Received = 0, Lost = 4 (100% loss),

PC>
```

图 3.8.3 Ping 通结果

3.8.4 任务评价

序号	评分点	分值	得分
1	设备添加正确	10 分	
2	网线及端口连接正确	10 分	
3	4 台计算机 IP 地址及子网掩码设置正确	每台 5 分,共 20 分	
4	VLAN 配置正确	30 分	
5	验证结果正确	30 分	
	合计	100 分	

任务 3.9　综合实训 3——跨交换机相同 VLAN 通信

3.9.1　任务描述

你是学校网络管理员,信息工程学院有教务科、学生科等部门,各部门的计算机分布在几层楼上,为了安全、便捷地实行管理,学校领导要求你组建局域网,使相同部门内部主机的业务可以相互访问,但部门之间为了安全禁止互访。

3.9.2　任务分析

为了完成学校安排的任务,实现各部门安全有效的访问,将教务科的部分计算机分配到不同交换机的相同 VLAN 内,即将 VLAN 10 分配到教务科,VLAN 20 分配到学生科使用。VLAN 10 包括 Fa0/1~Fa0/10 端口;VLAN 20 包括 Fa0/11~Fa0/20 端口,级联为 Fa0/24,将两个交换机连接口设置为 Trunk 类型,所有 VLAN 数据都通过 Trunk 端口从一台交换机某一 VLAN 到达另一交换机同一 VLAN 中,拓扑图如图 3.9.1 所示。

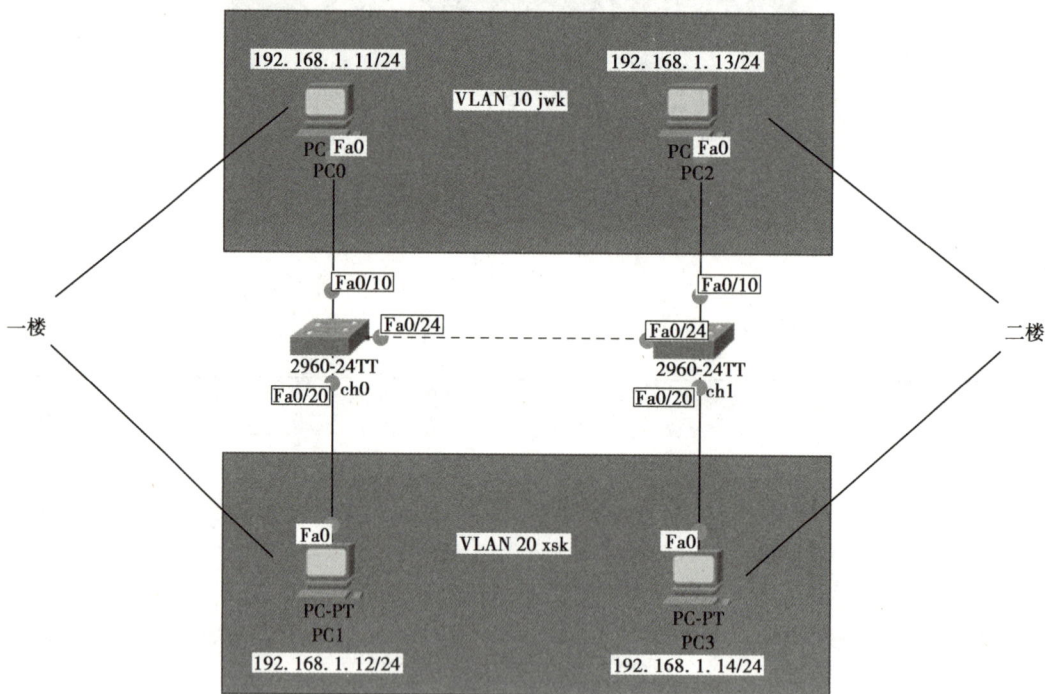

图 3.9.1　拓扑图

3.9.3　任务实施

(1)实施步骤

步骤 1　添加 2 台 2960-24 型号交换机和 4 台计算机,按照拓扑图所示端口完成设备网线连接,其中交换机之间用交叉线连接。

步骤 2　依次设置 4 台计算机的 IP 地址和子网掩码,如图 3.9.1 所示。

步骤 3　对交换机进行 VLAN 配置,命令和任务 3.8 一致,两台交换机都需要进行设置,

具体如下:

```
Switch>en ·············································· (切换到特权模式)
Switch#conf t ······································· (切换到全局配置模式)
Switch(config)#vlan 10 ·························· (创建 VLAN 10)
Switch(config-vlan)#name jwk ················ (VLAN 10 命名为 jwk)
Switch(config-vlan)#vlan 20 ··················· (创建 VLAN 20)
Switch(config-vlan)#name xsk ················· (VLAN 20 命名为 xsk)
Switch(config-vlan)#int ra fa0/1-10 ········· (进入 Fa0/1~Fa0/10 十个连续端口)
Switch(config-if-range)#swi mo acc ········· (端口模式设置为 access 接入模式)
Switch(config-if-range)#swi acc vlan 10 ····· (端口接入 VLAN 10)
Switch(config-if-range)#int ra fa0/11-20 ···· (进入 Fa0/11~Fa0/20 十个连续端口)
Switch(config-if-range)#swi mo acc ·········· (端口模式设置为 access 接入模式)
Switch(config-if-range)#swi acc vlan 20 ····· (端口接入 VLAN 20)
```

步骤4　设置级联端口(只需要设置一台交换机端口,另一端会自动匹配端口类型)。

```
Switch(config-if-range)#int fa0/24 ··········· (进入级联端口 Fa0/24)
Switch(config-if)#swi mo tr ····················· (设置端口模式为 trunk,即级联模式)
Switch(config-if)#end ···························· (结束,返回特权模式)
Switch#
```

(2)结果验证

①显示 VLAN 配置,如图 3.9.2 所示。

```
Switch#sh vlan ·········································································· (显示 VLAN 配置)
```

```
Switch#sh vlan

VLAN Name                             Status    Ports
---- --------------------------------  --------- -------------------------------
1    default                          active    Fa0/21, Fa0/22, Fa0/3, Fa0/24
10   jwk                              active    Fa0/1, Fa0/2, Fa0/3, Fa0/4
                                                 Fa0/5, Fa0/6, Fa0/7, Fa0/8
                                                 Fa0/9, Fa0/10
20   xsk                              active    Fa0/11, Fa0/12, Fa0/13, Fa0/14
                                                 Fa0/15, Fa0/16, Fa0/17, Fa0/18
                                                 Fa0/19, Fa0/20
1002 fddi-default                     act/unsup
1003 token-ring-default               act/unsup
1004 fddinet-default                  act/unsup
1005 trnet-default                    act/unsup

VLAN Type  SAID    MTU   Parent RingNo BridgeNo Stp  BrdgMode Transl Trans2
---- ----- ------- ----- ------ ------ -------- ---- -------- ------ ------
1    enet  100001  1500  -      -      -        -    -        0      0
10   enet  100010  1500  -      -      -        -    -        0      0
20   enet  100020  1500  -      -      -        -    -        0      0
1002 fddi  101002  1500  -      -      -        -    -        0      0
1003 tr    101003  1500  -      -      -        -    -        0      0
 --More--
```

图 3.9.2　显示 VLAN 配置

②显示端口配置,中间省略了部分端口,如图 3.9.3 所示。

```
Switch#sh run ··········································································· (显示端口配置)
```

```
Switch#sh run
Building configuration...

Current configuration : 2020 bytes
!
version 12.1
no service timestamps log datetime msec
no service timestamps debug datetime msec
no service password-encryption
!
hostname Switch
!
!
!
spanning-tree mode pvst
!
interface FastEthernet0/1
 switchport access vlan 10
 switchport mode access
!
interface FastEthernet0/2
 switchport access vlan 10
 switchport mode access
```

```
interface FastEthernet0/18
 switchport access vlan 20
 switchport mode access
!
interface FastEthernet0/19
 switchport access vlan 20
 switchport mode access
!
interface FastEthernet0/20
 switchport access vlan 20
 switchport mode access
!
interface FastEthernet0/21
!
interface FastEthernet0/22
!
interface FastEthernet0/23
!
interface FastEthernet0/24
 switchport mode trunk
!
```

图 3.9.3　显示端口配置

③用 IP 地址为 192.168.1.11 的计算机 Ping 另外三台计算机,结果如图 3.9.4 所示。

```
Command Prompt

Packet Tracer PC Command Line 1.0
PC>ping 192.168.1.12

Pinging 192.168.1.12 with 32 bytes of data:

Request timed out.
Request timed out.
Request timed out.
Request timed out.

Ping statistics for 192.168.1.12:
    Packets: Sent = 4, Received = 0, Lost = 4 (100% loss),

PC>ping 192.168.1.13

Pinging 192.168.1.13 with 32 bytes of data:

Reply from 192.168.1.13: bytes=32 time=0ms TTL=128
Reply from 192.168.1.13: bytes=32 time=3ms TTL=128
Reply from 192.168.1.13: bytes=32 time=0ms TTL=128
Reply from 192.168.1.13: bytes=32 time=3ms TTL=128

Ping statistics for 192.168.1.13:
    Packets: Sent = 4, Received = 4, Lost = 0 (0% loss),
Approximate round trip times in milli-seconds:
    Minimum = 0ms, Maximum = 3ms, Average = 1ms

PC>ping 192.168.1.14

Pinging 192.168.1.14 with 32 bytes of data:

Request timed out.
Request timed out.
Request timed out.
Request timed out.

Ping statistics for 192.168.1.14:
    Packets: Sent = 4, Received = 0, Lost = 4 (100% loss),

PC>
```

图 3.9.4　结果显示

(3)结果分析

相同楼层的计算机分属于不同部门,但是连接到同一台交换机,所有计算机设置了同网段 IP 地址,本该相互 Ping 通,但是通过 VLAN 设置可实现不同楼层相同部门计算机可以 Ping 通,不同部门计算机不能 Ping 通,实现了功能需求。

【知识拓展】

Trunk 是交换机端口的功能类型,也称"级联"模式,作用是让连接在不同交换机上的相同 VLAN 中的主机互通。

当有多台交换机组建网络时,如不使用 VLAN 技术则不需要进行级联设置,如使用 VLAN 技术,则所有连接交换机和路由设备的端口类型均需要设置为 Trunk,也就是级联模式。思科网络设备一般只需要设置一侧端口为级联,另一侧自动匹配为级联模式,但不是所有品牌的网络设备都具备此功能,可能有其他需要执行的操作才能完成功能设置,读者需要具体了解相关品牌设备说明。

级联端口理论上可任意选择端口进行设置,但在实际工作中一般选择最后几个端口,方便操作和管理。

3.9.4 任务评价

序号	评分点	分值	得分
1	设备添加正确	10 分	
2	网线及端口连接正确	10 分	
3	4 台计算机 IP 地址及子网掩码设置正确	每台 5 分,共 20 分	
4	VLAN 配置正确	30 分	
5	级联端口设置正确	10 分	
6	验证结果正确	20 分	
	合计	100 分	

任务 3.10 综合实训 4——三层交换机实现不同 VLAN 间通信

3.10.1 任务描述

学校有两个主要部门——教务科和学生科,分处于不同的办公室,为了安全和便于管理,对两个部门的主机划分了不同的网段,并进行了 VLAN 划分,教务科和学生科分处于不同的 VLAN。现由于业务需要,要求教务科和学生科的主机能够相互访问,获得相应资源,两个部门均直接连接到一台三层交换机。

3.10.2 任务分析

在三层交换机上建立 2 个 VLAN:VLAN 10(jwk)分配给教务科,VLAN 20(xsk)分配给学生科。为了实现两部门的主机能够相互访问,在三层交换机上开启路由功能,并在 VLAN 10 中设置 IP 地址为 192.168.10.254;在 VLAN 20 中设置 IP 地址为 192.168.20.254。查看三层交换机路由表,会发现在三层交换机路由表内有 2 条直连路由信息,实现在不同网络之间路由数据包,从而实现 2 个部门的主机可以相互访问 ,拓扑图如图 3.10.1 所示。

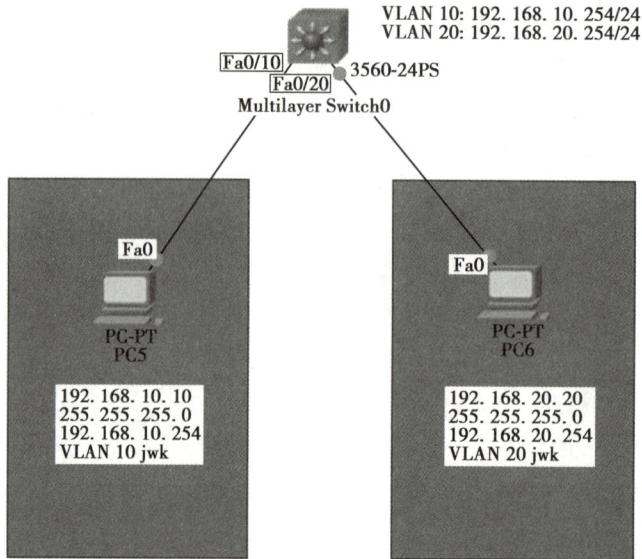

图 3.10.1　拓扑图

3.10.3　任务实施

(1)实施步骤

步骤 1　添加一台 3560 型号三层交换机,再添加两台计算机,分别连接端口 Fa0/10 和 Fa0/20。

步骤 2　连接端口 Fa0/10 的计算机作为教务科计算机使用,IP 地址设置为 192.168.10.10,子网掩码 255.255.255.0,网关设置为 192.168.10.254;连接端口 Fa0/20 的计算机作为学生科计算机使用,IP 地址设置为 192.168.20.20,子网掩码 255.255.255.0,网关设置为 192.168.20.254。

步骤 3　在三层交换机中创建 VLAN 并划分 VLAN 端口,其中端口 Fa0/10 划入 VLAN 10,端口 Fa0/20 划入 VLAN 20,具体操作如下:

```
Switch>en ················································ (切换到特权模式)
Switch#conf t ·········································· (切换到全局配置模式)
Switch(config)#vlan 10 ······························ (创建 VLAN 10)
Switch(config-vlan)#name jwk ·················· (VLAN 10 命名为 jwk)
Switch(config-vlan)#vlan 20 ······················ (创建 VLAN 20)
Switch(config-vlan)#name xsk ·················· (VLAN 20 命名为 xsk)
Switch(config-vlan)#int fa0/10 ·················· (进入 Fa0/10 端口)
Switch(config-if)#swi mo acc ·················· (端口模式设置为 access 接入模式)
Switch(config-if)#swi acc vlan 10 ·············· (端口接入 VLAN 10)
Switch(config-if)#int fa0/20 ······················ (进入 Fa0/20 端口)
Switch(config-if)#swi mo acc ·················· (端口模式设置为 access 接入模式)
Switch(config-if)#swi acc vlan 20 ·············· (端口接入 VLAN 20)
```

步骤4　配置三层交换机端口的路由功能。

```
Switch(config-if)#int vlan 10 ·················· (进入三层端口 VLAN 10)
Switch(conifg-if)#ip add 192.168.10.254 255.255.255.0  (设置 VLAN 10 网关地址)
Switch(conifg-if)#no shut ····················· (开启三层端口 VLAN 10)
Switch(conifg-if)#int vlan 20 ··················· (进入三层端口 VLAN 20)
Switch(conifg-if)#ip add 192.168.20.254 255.255.255.0  (设置 VLAN 20 网关地址)
Switch(conifg-if)#no shut ····················· (开启三层端口 VLAN 20)
Switch(conifg-if)#exit ······················· (退出当前配置)
Switch(conifg)#
```

步骤5　开启三层交换机路由功能。

```
Switch(conifg)#ip routing ···················· (开启三层交换机路由功能)
Switch(config)#end ························· (结束,返回特权模式)
Switch#
```

（2）任务验证

①查看路由表,如图 3.10.2 所示。

```
Switch#sh ip rou ·································· (查看路由表)
```

```
Codes: C - connected, S - static, I - IGRP, R - RIP, M - mobile, B - BGP
       D - EIGRP, EX - EIGRP external, O - OSPF, IA - OSPF inter area
       N1 - OSPF NSSA external type 1, N2 - OSPF NSSA external type 2
       E1 - OSPF external type 1, E2 - OSPF external type 2, E - EGP
       i - IS-IS, L1 - IS-IS level-1, L2 - IS-IS level-2, ia - IS-IS inter area
       * - candidate default, U - per-user static route, o - ODR
       P - periodic downloaded static route

Gateway of last resort is not set

C    192.168.10.0/24 is directly connected, Vlan10
C    192.168.20.0/24 is directly connected, Vlan20
Switch#
```

图 3.10.2　查看路由表

②用 IP 地址为 192.168.10.10 的计算机 Ping IP 地址为 192.168.20.20 的计算机,结果如图 3.10.3 所示。

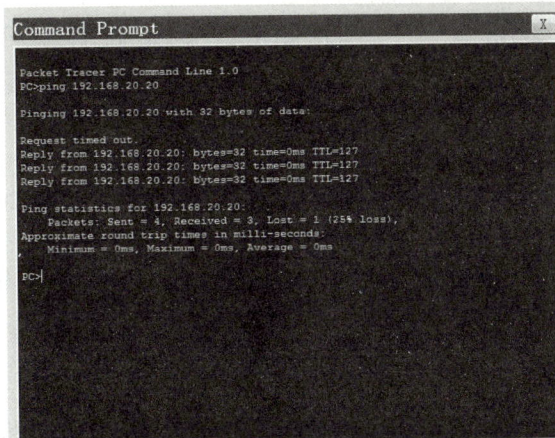

```
Command Prompt                                              X

Packet Tracer PC Command Line 1.0
PC>ping 192.168.20.20

Pinging 192.168.20.20 with 32 bytes of data:

Request timed out.
Reply from 192.168.20.20: bytes=32 time=0ms TTL=127
Reply from 192.168.20.20: bytes=32 time=0ms TTL=127
Reply from 192.168.20.20: bytes=32 time=0ms TTL=127

Ping statistics for 192.168.20.20:
    Packets: Sent = 4, Received = 3, Lost = 1 (25% loss),
Approximate round trip times in milli-seconds:
    Minimum = 0ms, Maximum = 0ms, Average = 0ms

PC>
```

图 3.10.3　连接结果

（3）结果分析

192.168.10.10/24 和 192.168.20.20/24 具有不同的网络地址，不属于同一个局域网，在没有路由的情况下不能相互 Ping 通。二层交换机不具备路由功能，无论如何都不能实现两个 IP 地址间互通。三层交换机具备路由功能，通过网关形成直连路由（代码 C），不同网段计算机通过网关交换数据，最终互通，如图 3.10.3 结果所示，实现了本任务的功能需求。

【知识拓展】

底层网关负责不同网段间的数据交换，网关的 IP 地址选择在技术上没有限制，只要是本网段可用 IP 地址且能够相互匹配即可。实际工作环境中为便于操作和管理，一般选择本网段内的第一个可用 IP 地址或者最后一个可用 IP 地址，如 192.168.100.0/24 网段，一般选择 192.168.100.1 或者 192.168.100.254 作为网关 IP 地址，相对来说 192.168.100.254 使用会更多，因为给终端计算机设置 IP 地址时为了便于管理往往从 1 号开始依次设置，如果 1 号IP 地址设置给网关，终端计算机的 IP 地址就只能从 2 号开始设置了。

3.10.4　任务评价

序号	评分点	分值	得分
1	设备添加正确	10 分	
2	网线及端口连接正确	10 分	
3	两台计算机 IP 地址、子网掩码、网关设置正确	每台 5 分,共 10 分	
4	VLAN 配置正确	20 分	
5	网关地址设置正确	20 分	
6	路由功能开启,路由表正确	20 分	
7	Ping 结果正确	10 分	
	合计	100 分	

任务 3.11　综合实训5——三层交换机拓展应用

3.11.1　任务描述

学校有 101、102、103 三间机房,各有 21 台机器,含 1 台教师机,20 台学生机,教师机使用管理软件对学生机进行控制管理,为了实现各机房网络独立管理,须进行 VLAN 划分,三间机房分别处于不同网段及不同 VLAN,三间机房的二层交换机汇总到一台三层交换机并利用直连路由实现不同 VLAN 间互通。

3.11.2　任务分析

在二层交换机上建立各自 VLAN:101 机房建立 VLAN 101,102 机房建立 VLAN 102,103 机房建立 VLAN 103。每间机房 Fa0/1～Fa0/21 连接计算机,Fa0/24 为级联口。为了实现三间机房的主机能够相互访问,在三层交换机上开启路由功能,并在 VLAN 101 中设置 IP 地址为 192.168.101.254;在 VLAN 102 中设置 IP 地址为 192.168.102.254;在 VLAN 103 中设置 IP 地址为 192.168.103.254。查看三层交换机路由表,会发现在三层交换机路由表内有 3 条直连路由信息,实现在不同网络之间路由数据包,从而实现三间机房的主机可以相互访问,拓扑图如图 3.11.1 所示。

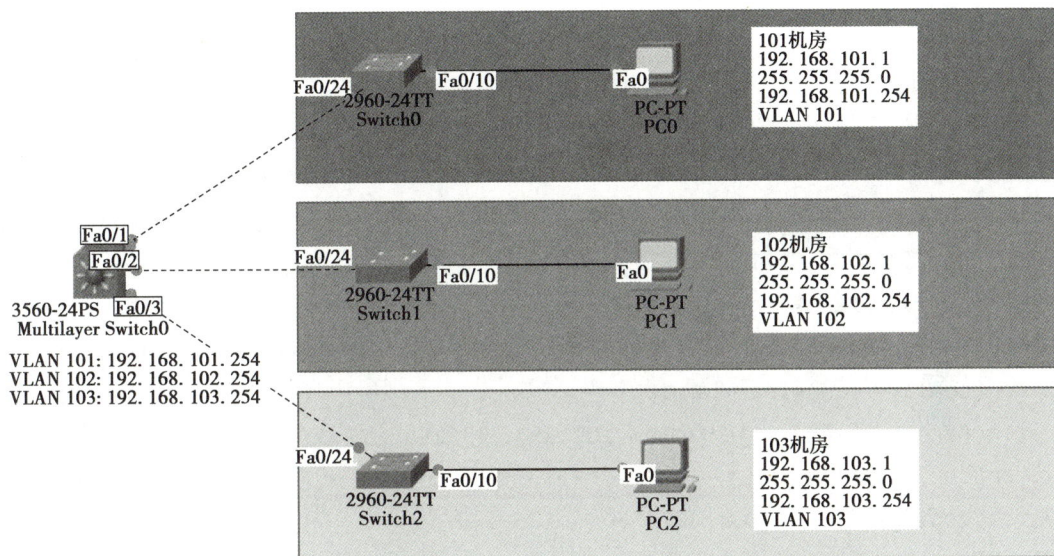

图 3.11.1 拓扑图

3.11.3 任务实施

(1)实施步骤

步骤 1 添加一台 3560 型号三层交换机,三台 2960-24 型号二层交换机,三台二层交换机 Fa0/24 用于级联三层交换机,分别连接三层交换机 Fa0/1、Fa0/2、Fa0/3 接口,添加三台计算机,分别连接各自机房交换机 Fa0/10 端口。

步骤 2 101 机房计算机,IP 地址设置为 192.168.101.1,子网掩码 255.255.255.0,网关设置为 192.168.101.254;102 机房计算机,IP 地址设置为 192.168.102.1,子网掩码 255.255.255.0,网关设置为 192.168.102.254;103 机房计算机,IP 地址设置为 192.168.103.1,子网掩码 255.255.255.0,网关设置为 192.168.103.254。

步骤 3 在二层交换机中创建 VLAN 并划分 VLAN 端口。其中 101 机房交换机创建 VLAN 101,其中端口 Fa0/1～Fa0/21 接入 VLAN 101,端口 Fa0/24 设置为级联模式;102 机房交换机创建 VLAN 102,其中端口 Fa0/1～Fa0/21 接入 VLAN 102,端口 Fa0/24 设置为级联模式,103 机房交换机创建 VLAN 103,其中端口 Fa0/1～Fa0/21 接入 VLAN 103,端口 Fa0/24 设置为级联模式,101 机房交换机具体操作如下:

```
Switch>en ……………………………… (切换到特权模式)
Switch#conf t …………………………… (切换到全局配置模式)
Switch(config)#vlan 101 ……………… (创建 VLAN 101)
Switch(config-vlan)#int ra fa0/1-21 ……… (进入 Fa0/1～Fa0/21 端口)
```

```
Switch(config-if-range)#swi mo acc      …………  (端口模式设置为 access 接入模式)
Switch(config-if-range)#swi acc vlan 101  …  (端口接入 VLAN 101)
Switch(config-if-range)#int fa0/24      …………  (进入 Fa0/24 端口)
Switch(config-if)#swi mo tr            ……………  (端口模式设置为 Trunk 级联模式)
Switch(config-if)#end                  ……………  (结束进入特权模式)
Switch#
```

另外两间机房交换机 VLAN 配置请读者自行完成。

步骤4 在三层交换机中创建 VLAN、配置三层交换机端口的路由功能,具体操作如下:

```
Switch>en                              ……………  (切换到特权模式)
Switch#conf t                          ……………  (切换到全局配置模式)
Switch(config)#vlan 101                ……………  (创建 VLAN 101)
Switch(config-vlan)#vlan 102           ……………  (创建 VLAN 102)
Switch(config-vlan)#vlan 103           ……………  (创建 VLAN 103)
Switch(config-vlan)#int vlan 101       ……………  (进入三层端口 VLAN 101)
Switch(conifg-if)#ip add 192.168.101.254 255.255.255.0(设置 VLAN 101 网关地址)
Switch(conifg-if)#no shut              ……………  (开启三层端口 VLAN 101)
Switch(conifg-if)#int vlan 102         ……………  (进入三层端口 VLAN 102)
Switch(conifg-if)#ip add 192.168.102.254 255.255.255.0(设置 VLAN 102 网关地址)
Switch(conifg-if)#no shut              ……………  (开启三层端口 VLAN 102)
Switch(conifg-if)#int vlan 103         ……………  (进入三层端口 VLAN 103)
Switch(conifg-if)#ip add 192.168.103.254 255.255.255.0(设置 VLAN 103 网关地址)
Switch(conifg-if)#no shut              ……………  (开启三层端口 VLAN 103)
Switch(conifg-if)#exit                 ……………  (退出当前配置)
Switch(conifg)#ip routing              ……………  (开启三层交换机路由功能)
Switch(config)#end                     ……………  (结束,返回特权模式)
Switch#
```

(2)结果验证

①查看路由表,如图 3.11.2 所示。

```
Switch#sh ip rou
```

```
Codes: C - connected, S - static, I - IGRP, R - RIP, M - mobile, B - BGP
       D - EIGRP, EX - EIGRP external, O - OSPF, IA - OSPF inter area
       N1 - OSPF NSSA external type 1, N2 - OSPF NSSA external type 2
       E1 - OSPF external type 1, E2 - OSPF external type 2, E - EGP
       i - IS-IS, L1 - IS-IS level-1, L2 - IS-IS level-2, ia - IS-IS inter area
       * - candidate default, U - per-user static route, o - ODR
       P - periodic downloaded static route

Gateway of last resort is not set

C    192.168.101.0/24 is directly connected, Vlan101
C    192.168.102.0/24 is directly connected, Vlan102
C    192.168.103.0/24 is directly connected, Vlan103
Switch#
```

图 3.11.2 查看路由表

②用 101 机房的计算机 Ping 另外两间机房的计算机,结果如图 3.11.3 所示。

```
Command Prompt                                                    X

PC>ping 192.168.102.1

Pinging 192.168.102.1 with 32 bytes of data:

Request timed out.
Reply from 192.168.102.1: bytes=32 time=0ms TTL=127
Reply from 192.168.102.1: bytes=32 time=0ms TTL=127
Reply from 192.168.102.1: bytes=32 time=1ms TTL=127

Ping statistics for 192.168.102.1:
    Packets: Sent = 4, Received = 3, Lost = 1 (25% loss),
Approximate round trip times in milli-seconds:
    Minimum = 0ms, Maximum = 1ms, Average = 0ms

PC>ping 192.168.103.1

Pinging 192.168.103.1 with 32 bytes of data:

Request timed out.
Reply from 192.168.103.1: bytes=32 time=0ms TTL=127
Reply from 192.168.103.1: bytes=32 time=0ms TTL=127
Reply from 192.168.103.1: bytes=32 time=0ms TTL=127

Ping statistics for 192.168.103.1:
    Packets: Sent = 4, Received = 3, Lost = 1 (25% loss),
Approximate round trip times in milli-seconds:
    Minimum = 0ms, Maximum = 0ms, Average = 0ms

PC>
```

图 3.11.3　结果显示

(3)结果分析

三间机房网络地址分别为 192.168.101.0/24、192.168.102.0/24 和 192.168.103.0/24,相当于三间机房分别组建局域网并实现对应的局域网管理功能,但是为了对整体网络进行管理需要在高层让三间机房互通,本任务借助三层交换机的路由功能,通过网关形成直连路由,使不同网段计算机通过网关交换数据,最终互通,如图 3.11.3 结果所示,实现了本任务的功能需求。

【知识拓展】

汇总交换机:本任务中三层交换机除了提供三层路由功能外,还承担了汇总交换机 VLAN 的作用,起到汇总作用的交换机需创建所有 VLAN 的 ID,才能完成对应 VLAN 的数据转发工作,如本任务中三层交换机需创建 VLAN 101、102、103,但不进行端口分配,只有连接终端计算机的端口需按规划接入具体 VLAN ID。二层交换机也可承担汇总 VLAN 的作用,尤其配合路由器单臂路由使用的时候,后面的任务中会有相应案例。

3.11.4　任务评价

序号	评分点	分值	得分
1	设备添加正确	5 分	
2	网线及端口连接正确	5 分	
3	三台计算机 IP 地址、子网掩码、网关设置正确	每台 5 分,共 15 分	
4	三台二层交换机 VLAN 配置正确	每台 5 分,共 15 分	
5	三层交换机 VLAN 设置正确	10 分	
6	网关地址设置正确	20 分	
7	路由功能开启,路由表正确	20 分	
8	Ping 结果正确	10 分	
	合计	100 分	

任务 3.12　综合实训 6——单臂路由

3.12.1　任务描述

学校有两个主要部门——教务科和学生科,分别处于不同的办公室,为了安全和便于管理,对两个部门的主机划分了不同网段并进行了 VLAN 划分,教务科和学生科分别处于不同的 VLAN。现由于业务需要教务科和学生科的主机能够相互访问,获得相应资源,两个部门的计算机通过一台二层交换机连接,通过路由器的单臂路由功能实现不同网段计算机的互通。

3.12.2　任务分析

在二层交换机上建立 2 个 VLAN:VLAN 10(jwk)分配给教务科,VLAN 20(xsk)分配给学生科,对应分配端口 Fa0/10 到 VLAN 10,端口 Fa0/20 到 VLAN 20。为了实现两部门的主机能够相互访问,在路由器上配置两个子端口 Fa0/0.10 和 Fa0/0.20 分别对应两个 VLAN,并封装 802.1Q 协议,在 Fa0/0.10 子端口设置 IP 地址为 192.168.10.254,对应 VLAN 10;在 Fa0/0.20 子端口设置 IP 地址为 192.168.20.254,对应 VLAN 20,查看路由器路由表,会发现在路由器路由表内有 2 条直连路由信息,实现在不同网络之间路由数据包,从而实现 2 个部门的主机可以相互访问,拓扑图如图 3.12.1 所示。

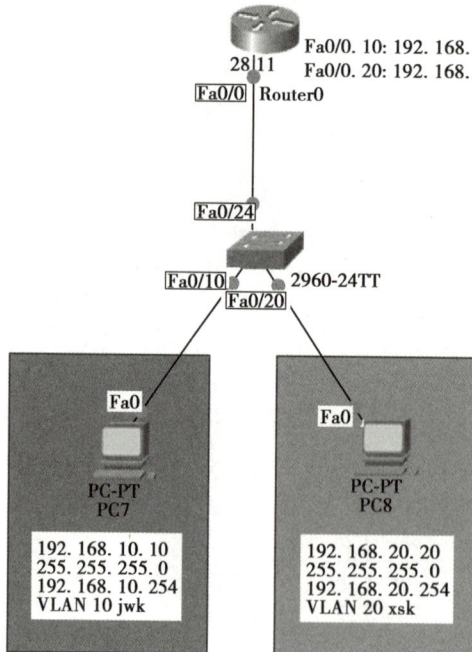

图 3.12.1　拓扑图

3.12.3　任务实施

(1)实施步骤

步骤 1　添加一台 2811 型号路由器,添加一台 2960-24 型号交换机,添加两台计算机,分别连接交换机端口 Fa0/10 和 Fa0/20,交换机 Fa0/24 端口连接路由器 Fa0/0 端口。

步骤 2　连接交换机端口 Fa0/10 的计算机作为教务科计算机使用,IP 地址设置为 192.168.10.10,子网掩码 255.255.255.0,网关设置为 192.168.10.254;连接端口 Fa0/20 的端口计算机作为学生科计算机使用,IP 地址设置为 192.168.20.20,子网掩码 255.255.255.0,网关设置为 192.168.20.254。

步骤 3　在交换机中创建 VLAN 并划分 VLAN 端口,其中端口 Fa0/10 划入 VLAN 10,端口 Fa0/20 划入 VLAN 20,具体操作如下:

```
Switch>en                                    (切换到特权模式)
Switch#conf t                                (切换到全局配置模式)
Switch(config)#vlan 10                       (创建 VLAN 10)
Switch(config-vlan)#name jwk                 (VLAN 10 命名为 jwk)
Switch(config-vlan)#vlan 20                  (创建 VLAN 20)
Switch(config-vlan)#name xsk                 (VLAN 20 命名为 xsk)
Switch(config-vlan)#int fa0/10               (进入 Fa0/10 端口)
Switch(config-if)#swi mo acc                 (端口模式设置为 access 接入模式)
Switch(config-if)#swi acc vlan 10            (端口接入 VLAN 10)
Switch(config-if)#int fa0/20                 (进入 Fa0/20 端口)
Switch(config-if)#swi mo acc                 (端口模式设置为 access 接入模式)
Switch(config-if)#swi acc vlan 20            (端口接入 VLAN 20)
Switch(config-if)#int fa0/24                 (进入 Fa0/24 端口)
Switch(config-if)#swi mo tr                  (端口模式设置为 trunk 级联模式)
Switch(config-if)#end                        (结束进入特权模式)
Switch#
```

步骤 4　配置路由器。

```
Router>en                                    (切换到特权模式)
Router#conf t                                (切换到全局配置模式)
Router(config)#int fa0/0                     (进入母(实)端口 Fa0/0)
Router(config-if)#no shut                    (开启端口)
Router(config-if)#int fa0/0.10               (进入子(虚)端口 Fa0/0.10)
Router(config-subif)#en dot1q 10             (申明端口协议并和 VLAN10 关联)
Router(config-subif)#ip add 192.168.10.254 255.
255.255.0                                    (设置网关地址)
Router(config-subif)#no shut                 (开启端口)
Router(config-subif)#int fa0/0.20            (进入子(虚)端口 Fa0/0.20)
Router(config-subif)#en dot1q 20             (申明端口协议并和 VLAN20 关联)
Router(config-subif)#ip add 192.168.20.254 255.
255.255.0                                    (设置网关地址)
Router(config-subif)#no shut                 (开启端口)
Router(config-subif)#end                     (结束,回到特权模式)
Router#
```

※部分辅助信息省略,如遇辅助提示信息一般回车即可。

(2)结果验证

①查看路由表,如图 3.12.2 所示。

Router#sh ip rou

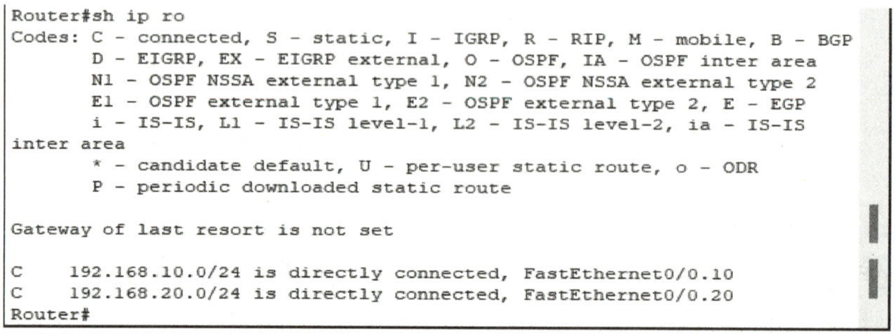

```
Router#sh ip ro
Codes: C - connected, S - static, I - IGRP, R - RIP, M - mobile, B - BGP
       D - EIGRP, EX - EIGRP external, O - OSPF, IA - OSPF inter area
       N1 - OSPF NSSA external type 1, N2 - OSPF NSSA external type 2
       E1 - OSPF external type 1, E2 - OSPF external type 2, E - EGP
       i - IS-IS, L1 - IS-IS level-1, L2 - IS-IS level-2, ia - IS-IS
inter area
       * - candidate default, U - per-user static route, o - ODR
       P - periodic downloaded static route

Gateway of last resort is not set

C    192.168.10.0/24 is directly connected, FastEthernet0/0.10
C    192.168.20.0/24 is directly connected, FastEthernet0/0.20
Router#
```

图 3.12.2　查看路由表

②用 IP 地址为 192.168.10.10 的计算机 Ping IP 地址为 192.168.20.20 的计算机,结果如图 3.12.3 所示。

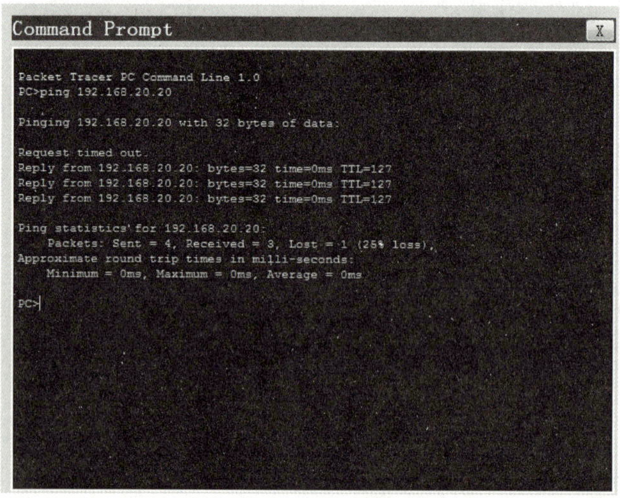

```
Command Prompt                                        X

Packet Tracer PC Command Line 1.0
PC>ping 192.168.20.20

Pinging 192.168.20.20 with 32 bytes of data:

Request timed out.
Reply from 192.168.20.20: bytes=32 time=0ms TTL=127
Reply from 192.168.20.20: bytes=32 time=0ms TTL=127
Reply from 192.168.20.20: bytes=32 time=0ms TTL=127

Ping statistics for 192.168.20.20:
    Packets: Sent = 4, Received = 3, Lost = 1 (25% loss),
Approximate round trip times in milli-seconds:
    Minimum = 0ms, Maximum = 0ms, Average = 0ms

PC>
```

图 3.12.3

(3)结果分析

192.168.10.10/24 和 192.168.20.20/24 具有不同的网络地址,属于不同局域网,在没有路由的情况下不能相互 Ping 通。二层交换机不具备路由功能,无论如何都不能实现两个 IP 地址间互通。路由器具备路由功能,通过网关形成直连路由,不同网段计算机通过网关交换数据,最终互通,如本任务中结果所示,实现了本任务的功能需求。

【知识拓展】

①路由器无须专门开启路由功能。

②路由器分母(实)端口和子(虚)端口,使用时均需专门开启,如使用子端口,则母端口不设 IP 地址,但需要开启端口,如使用母端口,则子端口不能再使用。实际工作中,如一个端口只连入一个子网网段,则使用母端口或子端口作为网关均可;如一个端口连入多个子网网段,则只能使用子端口作为网关。

③路由器使用子端口时须先申明网络协议,如接入子网则协议为 dot1q(即 802.3 局域网协议,特别注意第四个符号是数字 1,不是字母 l),并需要匹配 VLAN ID。

④子端口 ID、VLAN ID、网段号之间并无理论关联,但工作中建议大家有规律设置,有利于记忆和管理,如 192.168.10.0/24 网段使用 VLAN 10,使用子端口 Fa0/0.10。

⑤二层交换机连接路由器的端口须设置为 Trunk 模式,才能正确传输 VLAN 信息。

3.12.4　任务评价

序号	评分点	分值	得分
1	设备添加正确	5 分	
2	网线及端口连接正确	5 分	
3	两台计算机 IP 地址、子网掩码、网关设置正确	每台 5 分,共 10 分	
4	二层交换机 VLAN 及级联端口配置正确	20 分	
5	路由器母端口开启正确	10 分	
6	路由器子端口协议及网关地址设置正确	30 分	
7	路由表正确	10 分	
8	Ping 结果正确	10 分	
	合计	100 分	

任务 3.13　综合实训 7——单臂路由拓展应用

3.13.1　任务描述

学校有 101、102、103 三间机房,各有 21 台机器,含 1 台教师机,20 台学生机,教师机使用管理软件对学生机进行控制管理,为了实现各机房网络独立管理,须进行 VLAN 划分,三间机房分别处于不同网段及不同 VLAN,三间机房的二层交换机串联汇总到 101 的交换机上并由 101 交换机连接路由器,利用单臂路由实现不同 VLAN 间互通。

3.13.2　任务分析

在二层交换机上建立各自的 VLAN:101 机房建立 VLAN 101,102 机房建立 VLAN 102,103 机房建立 VLAN 103,每间机房 Fa0/1~Fa21 连接计算机,Fa0/23~Fa24 为级联口。为了实现三间机房的主机能够相互访问,在路由器子端口 Fa0/0.101 中设置 VLAN 101 的网关地址为 192.168.101.254/24;在路由器子端口 Fa0/0.102 中设置 VLAN 102 的网关地址为 192.168.102.254/24;在路由器子端口 Fa0/0.103 中设置 VLAN 103 的网关地址为 192.168.103.254/24。查看路由器路由表,会发现3条直连路由信息,实现在不同网络之间路由数据包,从而实现三间机房的主机可以相互访问,拓扑图如图3.13.1所示。

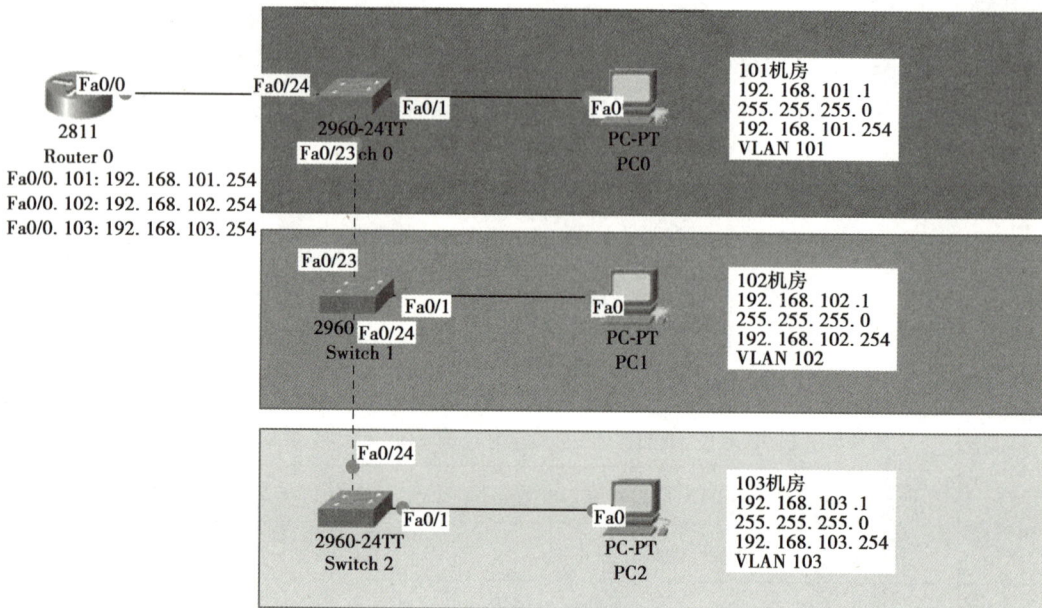

图 3.13.1 拓扑图

3.13.3 任务实施

（1）实施步骤

步骤 1 添加一台 2811 型号路由器,三台 2960-24 型号二层交换机,三台二层交换机的 Fa0/23 和 Fa0/24 端口用于级联交换机,其中 101 机房交换机 Fa0/24 端口连接路由器 Fa0/0 端口;添加三台计算机,分别连接各自机房交换机 Fa0/1 端口。

步骤 2 101 机房计算机,IP 地址设置为 192.168.101.1,子网掩码 255.255.255.0,网关设置为 192.168.101.254;102 机房计算机,IP 地址设置为 192.168.102.1,子网掩码 255.255.255. 0,网关设置为 192.168.102.254;103 机房计算机,IP 地址设置为 192.168.103.1,子网掩码 255.255.255.0,网关设置为 192.168.103.254。

步骤 3 在二层交换机中创建 VLAN 并划分 VLAN 端口。其中 101 机房交换机创建 VLAN 101,VLAN 102,VLAN 103,其中端口 Fa0/1~Fa0/21 接入 VLAN 101,端口 Fa0/23 和 Fa0/24 设置为级联模式;102 机房交换机创建 VLAN 102,VLAN 103,其中端口 Fa0/1~Fa0/ 21 接入 VLAN 102,端口 Fa0/23 和 Fa0/24 设置为级联模式,103 机房交换机创建 VLAN 103, 其中端口 Fa0/1~Fa0/21 接入 VLAN 103,端口 Fa0/24 设置为级联模式,101 机房交换机具体操作如下:

```
Switch>en ··················································· (切换到特权模式)
Switch#conf t ··············································· (切换到全局配置模式)
Switch(config)#vlan 101 ····································· (创建 VLAN 101)
Switch(config-vlan)#vlan 102 ······························· (创建 VLAN 102)
```

```
Switch(config-vlan)#vlan 103 ·················· (创建 VLAN 103)
Switch(config-vlan)#int ra fa0/1-21 ··········· (进入 Fa0/1~Fa0/21 端口)
Switch(config-if-range)#swi mo acc ··········· (端口模式设置为 access 接入模式)
Switch(config-if-range)#swi acc vlan 101 ·· (端口接入 VLAN 101)
Switch(config-if-range)#int ra fa0/23-24 ·· (进入 Fa0/23 和 Fa0/24 端口)
Switch(config-if-range)#swi mo tr ············ (端口模式设置为 trunk 级联模式)
Switch(config-if-range)#end ·················· (结束进入特权模式)
Switch#
```

另外两间机房交换机 VLAN 配置请读者自行完成。

步骤4　配置路由器,具体操作如下:

```
Router>en ····································· (切换到特权模式)
Router#conf t ································· (切换到全局配置模式)
Router(config)#int fa0/0 ···················· (进入母(实)端口 Fa0/0)
Router(config-if)#no shut ··················· (开启端口)
Router(config-if)#int fa0/0.101 ············· (进入子(虚)端口 Fa0/0.101)
Router(config-subif)#en dot1q 101 ··········· (申明端口协议并和 VLAN 101 关联)
Router(config-subif)#ip add 192.168.101.254
255.255.255.0 ······· (设置网关地址)
Router(config-subif)#no shut ················ (开启端口)
Router(config-subif)#int fa0/0.102 ·········· (进入子(虚)端口 Fa0/0.102)
Router(config-subif)#en dot1q 102 ··········· (申明端口协议并和 VLAN 102 关联)
Router(config-subif)#ip add 192.168.102.254
255.255.255.0 ······· (设置网关地址)
Router(config-subif)#no shut ················ (开启端口)
Router(config-subif)#int fa0/0.103 ·········· (进入子(虚)端口 fa0/0.103)
Router(config-subif)#en dot1q 103 ··········· (申明端口协议并和 VLAN 103 关联)
Router(config-subif)#ip add 192.168.103.254
255.255.255.0 ······· (设置网关地址)
Router(config-subif)#no shut ················ (开启端口)
Router(config-subif)#end ···················· (结束,回到特权模式)
Router#
```

※部分辅助信息省略,如遇辅助提示信息一般回车即可。

(2)结果验证

①查看路由表,如图 3.13.2 所示。

```
Router#sh ip rou
```

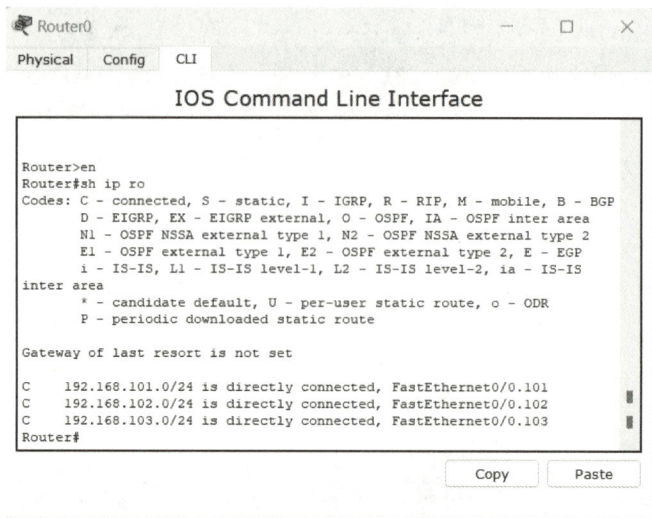

图 3.13.2　查看路由表

②用 101 机房的计算机 Ping 另外两间机房的计算机,结果如图 3.13.3 所示。

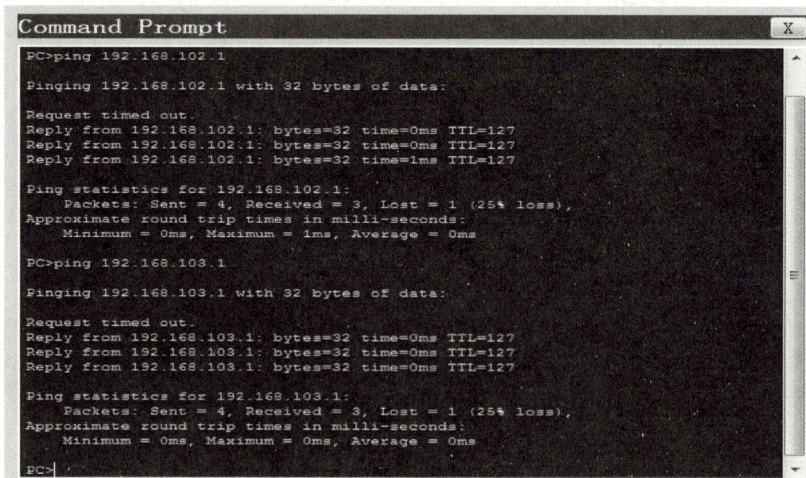

图 3.13.3

(3)结果分析

　　三间机房网络地址分别为 192.168.101.0/24、192.168.102.0/24 和 192.168.103.0/24,相当于三间机房分别组建局域网并实现对应的局域网管理功能,但是为了对整体网络进行管理需要在高层让三间机房互通,本任务借助路由器的单臂路由功能,通过网关形成直连路由,使不同网段计算机通过网关交换数据,最终互通,如图 3.13.3 结果所示,实现了本任务的功能需求。

【知识拓展】

　　本任务中 103 机房交换机级联到 102 机房交换机,102 机房交换机级联到 101 机房交换机,由 101 机房交换机连接路由器,此种方式为二层交换机串联汇总,与三层交换机拓展例子中的交换机汇总方式不同。在三层交换机拓展任务中,三层交换机起到汇总作用,在三层交换机端创建所有 VLAN ID 即可为每台二层交换机进行数据交换,而本任务中没有起到完全汇总作用的交换机,则需要按功能需求创建 VLAN ID,其中 101 机房交换机不仅要实现本机房 VLAN 101 的通信,还要承担向 102 和 103 机房交换机传递数据的作用,所以 101 机房交换机需创建 VLAN 101、VLAN 102 和 VLAN 103,102 机房交换机不仅要实现本机房 VLAN 102 的通信,还要承担向 103 机房交换机传递数据的作用,所以 102 机房交换机需创建 VLAN 102 和 VLAN 103,103 机房交换机仅需要实现本机房 VLAN 103 的通信,所以 103 机房交换机仅需创建 VLAN 103。如果不能完全理解这种汇总模式,则可以在所有交换机均创建所有 VLAN ID,防止个别机房数据不通。另外,交换机 VTP 技术可实现交换机间的 VLAN ID 同步,有兴趣的读者可自行学习。

3.13.4　任务评价

序号	评分点	分值	得分
1	设备添加正确	5 分	
2	网线及端口连接正确	5 分	
3	三台计算机 IP 地址、子网掩码、网关设置正确	每台 5 分,共 15 分	
4	二层交换机 VLAN 及级联端口配置正确	25 分	
5	路由器母端口开启正确	10 分	
6	路由器子端口协议及网关地址设置正确	30 分	
7	路由表正确	5 分	
8	Ping 结果正确	5 分	
	合计	100 分	

任务 3.14　综合实训 8——静态路由

3.14.1　任务描述

因学校招生规模扩大,现学校成立两个校区,分别为老校区和新校区,其中老校区包含学前学院和机电学院,新校区包含信息工程学院和会计学院。两个校区内部用二层交换机创建局域网并划分 VLAN,通过路由器直连路由实现各校区内部所有计算机互通,两个校区之间将路由器连线并通过静态路由设置实现两个校区之间各网段计算机全部互通。

3.14.2　任务分析

两个校区分别划分 IP 网段及 VLAN,具体规划为:信息工程学院 192.168.10.0/24(VLAN 10 xinxi);会计学院 192.168.20.0/24(VLAN 20 kuaiji);学前学院 10.128.100.0/24(VLAN 100 xueqian);机电学院 10.128.101.0/24 (VLAN 101 jidian);路由器互联(过渡)网段 172.16.1.0/

24。两个校区路由器分别创建到对方校区目标网段的静态路由,最终实现两个校区所有网段计算机全部互通。拓扑图如图 3.14.1 所示。

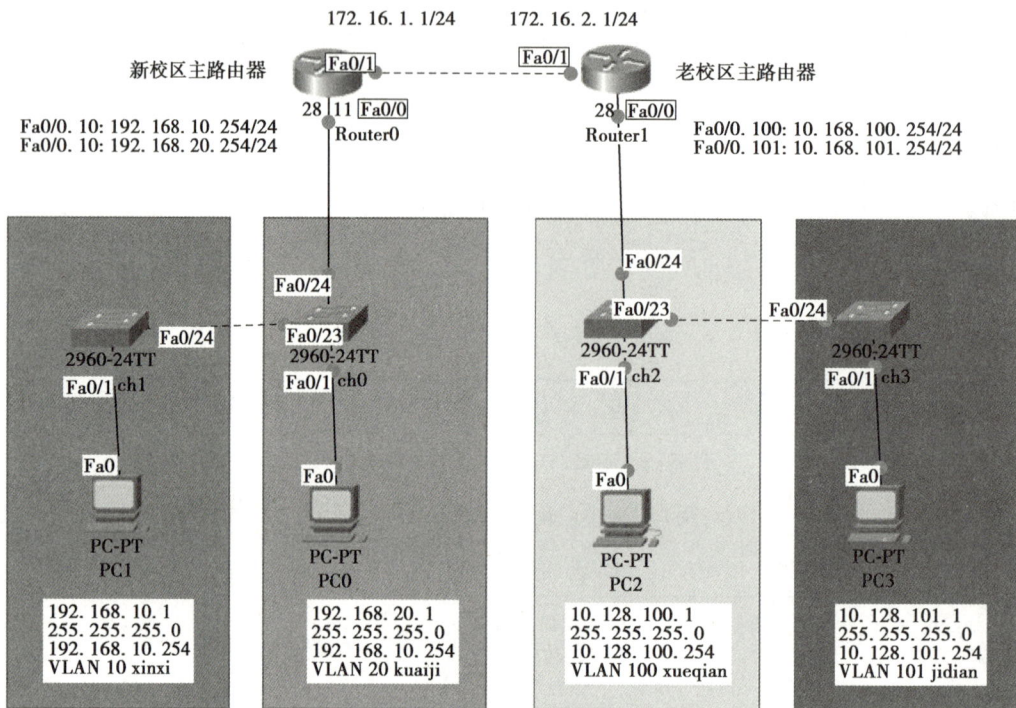

图 3.14.1   拓扑图

3.14.3   任务实施

(1)实施步骤

步骤 1   添加两台 2811 型号路由器,4 台 2960-24 型号二层交换机,4 台二层交换机 Fa0/23 和 Fa0/24 端口用于级联交换机或连接路由器,其他端口接入相应 VLAN;添加 4 台计算机,分别连接各自学院交换机 Fa0/1 端口,具体端口参考拓扑图。

步骤 2   信息工程学院计算机,IP 地址设置为 192.168.10.1,子网掩码 255.255.255.0,网关设置为 192.168.10.254;会计学院计算机,IP 地址设置为 192.168.20.1,子网掩码 255.255.255.0,网关设置为 192.168.20.254;学前学院计算机,IP 地址设置为 10.128.100.1,子网掩码 255.255.255.0,网关设置为 10.128.100.254;机电学院计算机,IP 地址设置为 10.128.101.1,子网掩码 255.255.255.0,网关设置为 10.128.101.254。

步骤 3   在二层交换机中创建 VLAN 并划分 VLAN 端口。其中信息工程学院交换机创建 VLAN 10,其中端口 Fa0/1~Fa0/22 接入 VLAN 10,端口 Fa0/23 和 Fa0/24 设置为级联模式;会计学院交换机创建 VLAN 10,VLAN 20,其中端口 Fa0/1~Fa0/22 接入 VLAN 20,端口 Fa0/23 和 Fa0/24 设置为级联模式,学前学院交换机创建 VLAN 100、VLAN 101,其中端口 Fa0/1~Fa0/22 接入 VLAN 100,端口 Fa0/23 和 Fa0/24 设置为级联模式,机电学院交换机创建 VLAN 101,其中端口 Fa0/1~Fa0/22 接入 VLAN 101,端口 Fa0/23 和 Fa0/24 设置为级联模式。

以上配置前面课程已多次练习,本实训不再罗列具体命令。

步骤 4　配置新校区主路由器各端口及各网关地址,具体操作如下:

```
Router>en ································· (切换到特权模式)
Router#conf t ····························· (切换到全局配置模式)
Router(config)#int fa0/0 ·················· (进入母(实)端口 Fa0/0)
Router(config-if)#no shut ················· (开启端口)
Router(config-if)#int fa0/0.10 ············ (进入子(虚)端口 Fa0/0.10)
Router(config-subif)#en dot1q 10 ·········· (申明端口协议并和 VLAN 101 关联)
Router(config-subif)#ip add 192.168.10.254 255.
255.255.0                                  (设置网关地址)
Router(config-subif)#no shut ·············· (开启端口)
Router(config-subif)#int fa0/0.20 ········· (进入子(虚)端口 Fa0/0.20)
Router(config-subif)#en dot1q 20 ·········· (申明端口协议并和 VLAN 20 关联)
Router(config-subif)#ip add 192.168.20.254 255.
255.255.0                                  (设置网关地址)
Router(config-subif)#no shut ·············· (开启端口)
Router(config-subif)#int fa0/1 ············ (进入母(实)端口 Fa0/1)
Router(config-if)#no shut ················· (开启端口)
Router(config-if)#ip add 172.16.1.1 255.255.
255.0 ······                               (设置过渡网段端口 IP 地址)
Router(config-if)#ex ······················ (退出,返回全局配置模式)
Router(config)#
```

老校区主路由器各端口及各网关地址配置请读者自行完成。

步骤 5　配置新校区主路由器静态路由。

```
Router(config)#ip route 10.128.100.0 255.
255.255.0 172.16.1.2 ···                   (设置到 10.128.100.0 网段静态路由)
Router(config)#ip route 10.128.101.0 255.
255.255.0 172.16.1.2 ···                   (设置到 10.128.101.0 网段静态路由)
Router(config)#end ························ (结束,返回特权模式)
Router#
```

步骤 6　配置老校区主路由器静态路由。

```
Router(config)#ip route 192.168.10.0 255.
255.255.0 172.16.1.1 ···                   (设置到 10.128.100.0 网段静态路由)
Router(config)#ip route 192.168.20.0 255.
255.255.0 172.16.1.1 ···                   (设置到 10.128.101.0 网段静态路由)
Router(config)#end ························ (结束,返回特权模式)
Router#
```

(2)结果验证

①查看路由表,如图 3.14.2—图 3.14.3 所示。

```
Router#sh ip ro
```

```
Router#sh ip ro
Codes: C - connected, S - static, I - IGRP, R - RIP, M - mobile, B - BGP
       D - EIGRP, EX - EIGRP external, O - OSPF, IA - OSPF inter area
       N1 - OSPF NSSA external type 1, N2 - OSPF NSSA external type 2
       E1 - OSPF external type 1, E2 - OSPF external type 2, E - EGP
       i - IS-IS, L1 - IS-IS level-1, L2 - IS-IS level-2, ia - IS-IS
inter area
       * - candidate default, U - per-user static route, o - ODR
       P - periodic downloaded static route

Gateway of last resort is not set

     10.0.0.0/24 is subnetted, 2 subnets
S       10.128.100.0 [1/0] via 172.16.1.2
S       10.128.101.0 [1/0] via 172.16.1.2
     172.16.0.0/24 is subnetted, 1 subnets
C       172.16.1.0 is directly connected, FastEthernet0/1
C    192.168.10.0/24 is directly connected, FastEthernet0/0.10
C    192.168.20.0/24 is directly connected, FastEthernet0/0.20
Router#
```

图 3.14.2　新校区路由器路由表

```
Router#sh ip ro
Codes: C - connected, S - static, I - IGRP, R - RIP, M - mobile, B - BGP
       D - EIGRP, EX - EIGRP external, O - OSPF, IA - OSPF inter area
       N1 - OSPF NSSA external type 1, N2 - OSPF NSSA external type 2
       E1 - OSPF external type 1, E2 - OSPF external type 2, E - EGP
       i - IS-IS, L1 - IS-IS level-1, L2 - IS-IS level-2, ia - IS-IS
inter area
       * - candidate default, U - per-user static route, o - ODR
       P - periodic downloaded static route

Gateway of last resort is not set

     10.0.0.0/24 is subnetted, 2 subnets
C       10.128.100.0 is directly connected, FastEthernet0/0.100
C       10.128.101.0 is directly connected, FastEthernet0/0.101
     172.16.0.0/24 is subnetted, 1 subnets
C       172.16.1.0 is directly connected, FastEthernet0/1
S    192.168.10.0/24 [1/0] via 172.16.1.1
S    192.168.20.0/24 [1/0] via 172.16.1.1
Router#
```

图 3.14.3　老校区路由器路由表

②用信息工程学院计算机 Ping 其他学院计算机,结果如图 3.14.4 所示。

```
Command Prompt

Packet Tracer PC Command Line 1.0
PC>ping 192.168.20.1

Pinging 192.168.20.1 with 32 bytes of data:

Request timed out.
Reply from 192.168.20.1: bytes=32 time=2ms TTL=127
Reply from 192.168.20.1: bytes=32 time=1ms TTL=127
Reply from 192.168.20.1: bytes=32 time=0ms TTL=127

Ping statistics for 192.168.20.1:
    Packets: Sent = 4, Received = 3, Lost = 1 (25% loss),
Approximate round trip times in milli-seconds:
    Minimum = 0ms, Maximum = 2ms, Average = 1ms

PC>ping 10.128.100.1

Pinging 10.128.100.1 with 32 bytes of data:

Request timed out.
Request timed out.
Reply from 10.128.100.1: bytes=32 time=0ms TTL=126
Reply from 10.128.100.1: bytes=32 time=0ms TTL=126

Ping statistics for 10.128.100.1:
    Packets: Sent = 4, Received = 2, Lost = 2 (50% loss),
Approximate round trip times in milli-seconds:
    Minimum = 0ms, Maximum = 0ms, Average = 0ms

PC>ping 10.128.101.1

Pinging 10.128.101.1 with 32 bytes of data:

Request timed out.
Reply from 10.128.101.1: bytes=32 time=0ms TTL=126
Reply from 10.128.101.1: bytes=32 time=0ms TTL=126
Reply from 10.128.101.1: bytes=32 time=1ms TTL=126

Ping statistics for 10.128.101.1:
    Packets: Sent = 4, Received = 3, Lost = 1 (25% loss),
Approximate round trip times in milli-seconds:
    Minimum = 0ms, Maximum = 1ms, Average = 0ms

PC>
```

图 3.14.4　结果显示

(3)结果分析

四个二级学院分属两个校区,各自用单臂路由内部互通,但是跨路由器不同网段之间没有路由不可能互通,本任务通过设置静态路由,最终实现所有学院计算机互相 Ping 通,由图 3.14.4 结果显示静态路由设置正确,路由正常工作。

【知识拓展】

①静态路由命令分解:

ip route 目标网段地址 目标网段子网掩码 下一跳 ip 地址(或端口编号)

②所有路由器均需对所有目标网段各设置一条静态路由,如某条静态路由弃置,也需手动删除,命令为反向操作,即原命令前加 no,如下所示:

no ip route 目标网段地址 目标网段子网掩码 下一跳 ip 地址(或端口编号)

③静态缺省路由:静态路由的一种,适用于单一网络出口的路由器,设置路由时不具体指定目标网段,而是将所有网段用 0.0.0.0 0.0.0.0 代替,指定下一跳 ip 地址,即经由本路由器去往所有网段的信息均发送到下一跳所在路由器,由其查找路由送往目标网段,如本任务中只有两台路由器,则可以把两台路由器中两条路由表合成一条,如下所示:

新校区路由器:Router(config)#ip route 0.0.0.0 0.0.0.0 172.16.1.2

老校区路由器:Router(config)#ip route 0.0.0.0 0.0.0.0 172.16.1.1

新校区路由器路由表如图 3.14.5 所示。

```
Router#sh ip ro
Codes: C - connected, S - static, I - IGRP, R - RIP, M - mobile, B - BGP
       D - EIGRP, EX - EIGRP external, O - OSPF, IA - OSPF inter area
       N1 - OSPF NSSA external type 1, N2 - OSPF NSSA external type 2
       E1 - OSPF external type 1, E2 - OSPF external type 2, E - EGP
       i - IS-IS, L1 - IS-IS level-1, L2 - IS-IS level-2, ia - IS-IS
inter area
       * - candidate default, U - per-user static route, o - ODR
       P - periodic downloaded static route

Gateway of last resort is 172.16.1.2 to network 0.0.0.0

     172.16.0.0/24 is subnetted, 1 subnets
C       172.16.1.0 is directly connected, FastEthernet0/1
C    192.168.10.0/24 is directly connected, FastEthernet0/0.10
C    192.168.20.0/24 is directly connected, FastEthernet0/0.20
S*   0.0.0.0/0 [1/0] via 172.16.1.2
Router#
```

图 3.14.5 新校区路由器路由表

老校区路由器路由表如图 3.14.6 所示。

```
Router#sh ip ro
Codes: C - connected, S - static, I - IGRP, R - RIP, M - mobile, B - BGP
       D - EIGRP, EX - EIGRP external, O - OSPF, IA - OSPF inter area
       N1 - OSPF NSSA external type 1, N2 - OSPF NSSA external type 2
       E1 - OSPF external type 1, E2 - OSPF external type 2, E - EGP
       i - IS-IS, L1 - IS-IS level-1, L2 - IS-IS level-2, ia - IS-IS
inter area
       * - candidate default, U - per-user static route, o - ODR
       P - periodic downloaded static route

Gateway of last resort is 172.16.1.1 to network 0.0.0.0

     10.0.0.0/24 is subnetted, 2 subnets
C       10.128.100.0 is directly connected, FastEthernet0/0.100
C       10.128.101.0 is directly connected, FastEthernet0/0.101
     172.16.0.0/24 is subnetted, 1 subnets
C       172.16.1.0 is directly connected, FastEthernet0/1
S*   0.0.0.0/0 [1/0] via 172.16.1.1
Router#
```

图 3.14.6 老校区路由器路由表

如此设置也可实现网络全通。在实际工作环境中静态缺省路由应用较广泛,对静态缺省路由感兴趣的读者可自行查阅资料学习。

3.14.4 任务评价

序号	评分点	分值	得分
1	设备添加正确	5 分	
2	网线及端口连接正确	5 分	
3	四台计算机 IP 地址、子网掩码、网关设置正确	10 分	
4	二层交换机 VLAN 及级联端口配置正确	20 分	
5	路由器母端口 IP 地址设置及开启正确	10 分	
6	路由器子端口协议及网关地址设置正确	20 分	
7	静态路由设置正确	20 分	
8	路由表正确	5 分	
9	Ping 结果正确	5 分	
	合计	100 分	

任务 3.15 综合实训 9——动态路由协议 RIP

3.15.1 任务描述

因学校招生规模扩大,现学校成立两个校区,分别为老校区和新校区,其中老校区包含学前学院和机电学院,新校区包含信息工程学院和会计学院。两个校区内部用二层交换机创建局域网并划分 VLAN,通过路由器直连路由实现各校区内部所有计算机互通,两个校区的路由器之间用专线连接,并通过动态路由协议 RIP 设置实现两个校区之间各网段计算机全部互通。

3.15.2 任务分析

本任务和上一个任务需求一样,只是用 RIP 路由替代静态路由,主要是让读者理解 RIP 的基本工作原理。拓扑图和上一个任务完全一致。

3.15.3 任务实施

(1)实施步骤

步骤 1—4 同上一个任务一致,此处不再赘述。

步骤 5 配置新校区主路由器 RIP 路由。RIP 有两个版本,分别为 RIPv1 和 RIPv2,本任务使用 RIPv2。

```
Router (config)#router rip          ……………………… (启用 RIP 进程)
Router (config-router)#network 192.168.10.0…… (发布直连网段 192.168.10.0)
Router (config-router)#network 192.168.20.0…… (发布直连网段 192.168.20.0)
Router (config-router)#network 172.16.1.0 ……… (发布直连网段 172.16.1.0)
Router (config-router)#version 2    ……………………… (启用 RIPv2)
Router(config-router)#end ……………………………………… (结束,返回特权模式)
Router#
```

步骤6　配置老校区主路由器 RIP 路由。

```
Router (config)#router rip          ……………………… (启用 RIP 进程)
Router (config-router)#network 10.128.100.0…… (发布直连网段 10.128.100.0)
Router (config-router)#network 10.128.101.0…… (发布直连网段 10.128.101.0)
Router (config-router)#network 172.16.1.0 ……… (发布直连网段 172.16.1.0)
Router (config-router)#version 2    ……………………… (启用 RIPv2)
Router(config-router)#end ……………………………………… (结束,返回特权模式)
Router#
```

（2）结果验证

①查看路由表,如图 3.15.1—图 3.15.2 所示。

```
Router#sh ip ro
```

```
Router#sh ip ro
Codes: C - connected, S - static, I - IGRP, R - RIP, M - mobile, B - BGP
       D - EIGRP, EX - EIGRP external, O - OSPF, IA - OSPF inter area
       N1 - OSPF NSSA external type 1, N2 - OSPF NSSA external type 2
       E1 - OSPF external type 1, E2 - OSPF external type 2, E - EGP
       i - IS-IS, L1 - IS-IS level-1, L2 - IS-IS level-2, ia - IS-IS
inter area
       * - candidate default, U - per-user static route, o - ODR
       P - periodic downloaded static route

Gateway of last resort is not set

R    10.0.0.0/8 [120/1] via 172.16.1.2, 00:00:03, FastEthernet0/1
     172.16.0.0/24 is subnetted, 1 subnets
C       172.16.1.0 is directly connected, FastEthernet0/1
C    192.168.10.0/24 is directly connected, FastEthernet0/0.10
C    192.168.20.0/24 is directly connected, FastEthernet0/0.20
Router#
```

图 3.15.1　新校区路由器路由表

```
Router#sh ip ro
Codes: C - connected, S - static, I - IGRP, R - RIP, M - mobile, B - BGP
       D - EIGRP, EX - EIGRP external, O - OSPF, IA - OSPF inter area
       N1 - OSPF NSSA external type 1, N2 - OSPF NSSA external type 2
       E1 - OSPF external type 1, E2 - OSPF external type 2, E - EGP
       i - IS-IS, L1 - IS-IS level-1, L2 - IS-IS level-2, ia - IS-IS
inter area
       * - candidate default, U - per-user static route, o - ODR
       P - periodic downloaded static route

Gateway of last resort is not set

     10.0.0.0/24 is subnetted, 2 subnets
C       10.128.100.0 is directly connected, FastEthernet0/0.100
C       10.128.101.0 is directly connected, FastEthernet0/0.101
     172.16.0.0/24 is subnetted, 1 subnets
C       172.16.1.0 is directly connected, FastEthernet0/1
R    192.168.10.0/24 [120/1] via 172.16.1.1, 00:00:05, FastEthernet0/1
R    192.168.20.0/24 [120/1] via 172.16.1.1, 00:00:05, FastEthernet0/1
Router#
```

图 3.15.2　老校区路由器路由表

②用信息工程学院计算机 Ping 其他学院计算机,结果如图 3.15.3 所示。

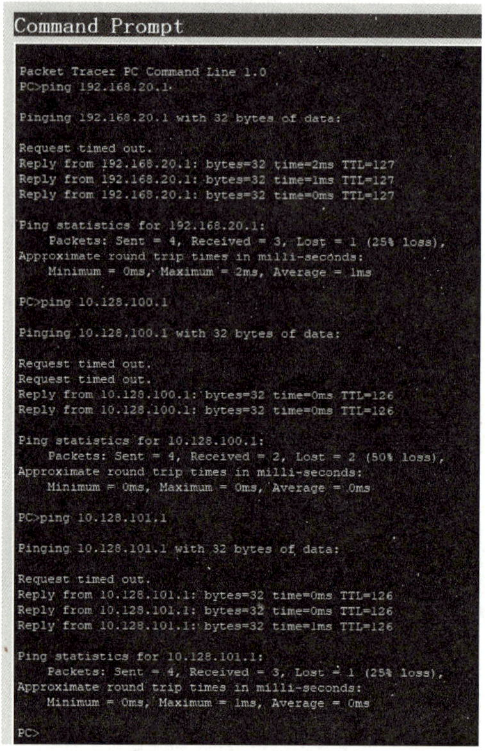

图 3.15.3　结果显示

（3）结果分析

最终实现四个二级学院计算机互相 Ping 通,由图 3.15.3 结果可知动态路由设置正确,路由工作正常。

【知识拓展】

①动态路由发布本地直连路由网段,路由器根据路由进程发送报文,相互匹配邻居和邻接关系形成路由表,并随时根据网络状态变化更新路由表,当自己的路由表发生变化时还需向自己的邻居传递路由表变化。这是动态路由的一般工作原理。

②RIP 是一种基于距离矢量的路由协议,是较早出现的以路由跳数作为计数单位的路由协议。RIP 可识别的最大跳数为 15,所以只适合用于比较小型的网络环境。

③一台路由器只有一个 RIP 进程。

④RIP 有两个版本,具体环境下应使用哪个版本读者可自行查阅资料学习,相对来说版本 2 用得较多。

⑤RIP 发布网段时不带子网掩码,路由器会按默认子网掩码识别网段号,本任务中老校区两个子网网段 10.128.100.0/24 和 10.128.101.0/24 为变长子网掩码构建子网,如按默认子网掩码识别网段为 10.0.0.0/8,所以新校区路由器实际识别路由表内目标网段为 10.0.0.0/8,同理,两台路由器过渡网段均识别为 172.16.0.0/16 也是这个原因。这种处理方法虽然大部分时候也能实现网络畅通,但是配置时其实有自身问题,需在设计网络时有所考虑。

⑥RIP 因本身功能不足,如只有一个进程、最大跳数 15 跳等原因,只适用于小型网络,因此 RIP 在实际生活中并不常用,但作为入门学习者了解动态路由基本原理非常适合。

3.15.4　任务评价

序号	评分点	分值	得分
1	设备添加正确	5 分	
2	网线及端口连接正确	5 分	
3	四台计算机 IP 地址、子网掩码、网关设置正确	10 分	
4	二层交换机 VLAN 及级联端口配置正确	20 分	
5	路由器母端口 IP 地址设置及开启正确	10 分	
6	路由器子端口协议及网关地址设置正确	20 分	
7	RIP 路由设置正确	20 分	
8	路由表正确	5 分	
9	Ping 结果正确	5 分	
10	合计	100 分	

任务 3.16　综合实训 10——动态路由协议 OSPF

3.16.1　任务描述

因学校招生规模扩大,现学校成立两个校区,分别为老校区和新校区,其中老校区包含学前学院和机电学院,新校区包含信息工程学院和会计学院。两个校区内部用二层交换机创建局域网并划分 VLAN,通过路由器直连路由实现各校区内部所有计算机互通,两个校区的路由器之间用专线连接,并通过动态路由协议 OSPF 设置实现两个校区之间各网段计算机全部互通。

3.16.2　任务分析

本任务和前两个任务需求一样,只是用 OSPF 路由替代 RIP 路由,主要是让读者掌握 OSPF 的基本设置和工作原理。拓扑图和上两个任务完全一致。

3.16.3　任务实施

(1)实施步骤

步骤 1—4　同上两个任务一致,此处不再赘述。

步骤 5　配置新校区主路由器 OSPF 路由。

```
Router (config)#router ospf 1  ············ (启用 OSPF 路由进程 1)
Router (config-router)#network 192.168.10.0 0.0. (发布直连网段 192.168.10.0)
0.255 area 0 ············
```

```
Router (config-router)#network 192.168.20.0 0.0.
0.255 area 0 ·····
```
(发布直连网段 192.168.20.0)

```
Router (config-router)#network 172.16.1.0 0.0.0.
255 area 0 ·····
```
(发布直连网段 172.16.1.0)

```
Router(config-router)#end ·····
```
(结束,返回特权模式)

```
Router#
```

步骤6　配置老校区主路由器 OSPF 路由。

```
Router (config)#router ospf 1 ·····
```
(启用 OSPF 路由进程1)

```
Router (config-router)#network 10.128.100.0 0.0.
0.255 area 0 ·····
```
(发布直连网段 10.128.100.0)

```
Router (config-router)#network 10.128.101.0 0.0.
0.255 area 0 ·····
```
(发布直连网段 10.128.101.0)

```
Router (config-router)#network 172.16.1.0 0.0.0.
255 area 0 ·····
```
(发布直连网段 172.16.1.0)

```
Router(config-router)#end ·····
```
(结束,返回特权模式)

```
Router#
```

(2)结果验证

①查看路由表,如图 3.16.1—图 3.16.2 所示。

```
Router#sh ip ro
```

图 3.16.1　新校区路由器路由表

图 3.16.2　老校区路由器路由表

②用信息工程学院计算机 Ping 其他学院计算机,结果如图 3.16.3 所示。

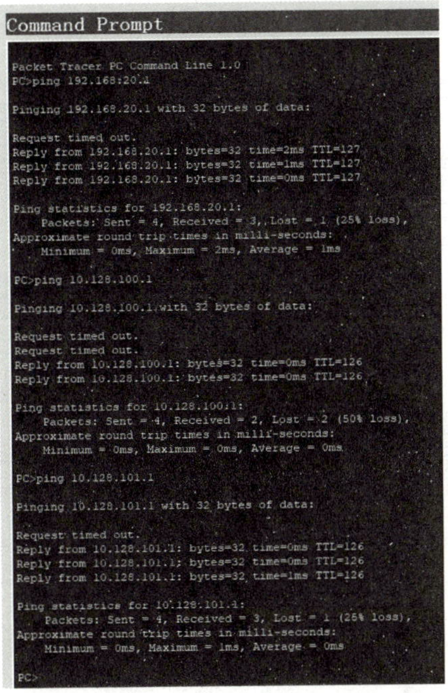

图 3.16.3　结果显示

（3）结果分析

最终实现四个二级学院计算机互相 Ping 通，可证动态路由设置正确，路由工作正常。

【知识拓展】

①OSPF 是一种内部网关协议（Interior Gateway Protocol, IGP），用于在自治系统（AS）内部进行路由选择。OSPF 是一个开放的协议，可以在多种厂商和平台之间实现路由通信。OSPF 使用链路状态路由算法来确定最佳路径，并通过洪泛算法在网络中传播路由信息。它使用几个不同的组件来实现路由选择，包括邻居关系、链路状态数据库（LSDB）和路由表。

②OSPF 发布直连网段的命令为：network 网段号 反掩码 area 区域号。

③OSPF 支持一台路由器中多个进程，各进程之间独立组网，其中默认进程为 1。

④OSPF 支持多区域（AREA）自治，自治系统（AS）被分割成一个或多个区域，每个区域至少包含一个区域边界路由器（Area Border Router, ABR），负责连接不同区域之间的边界。每个区域都有一个区域边界路由器和一个指定路由器（Designated Router, DR），负责区域内的路由计算和数据库维护。其中默认区域为 0。

⑤OSPF 中发布直连网段时同时发布反掩码（Wildcard Mask），反掩码用于配置特定的 IP 地址范围或匹配规则，以便进行路由策略匹配、路由过滤和访问控制列表（ACL）等操作。反掩码的使用原理可以简单理解为将目标 IP 地址的二进制位中 0 和 1 的位置进行颠倒，以标示出需要匹配的地址范围。因此，OSPF 路由中可匹配精确子网网段号，读者可通过比较 RIP 和 OSPF 的路由表，加深对其功能的理解。

⑥OSPF 协议可根据网络的拓扑结构和链路状态来动态调整路由，并提供快速收敛和容错能力。它支持多种类型的网络，包括点对点、点对多点和广播网络。

总的来说，OSPF 是一种高效的路由协议，能够支持大型网络环境并提供稳定和可靠的路由选择。

3.16.4   任务评价

序号	评分点	分值	得分
1	设备添加正确	5分	
2	网线及端口连接正确	5分	
3	四台计算机 IP 地址、子网掩码、网关设置正确	10分	
4	二层交换机 VLAN 及级联端口配置正确	20分	
5	路由器母端口 IP 地址设置及开启正确	10分	
6	路由器子端口协议及网关地址设置正确	20分	
7	OSPF 路由设置正确	20分	
8	路由表正确	5分	
9	Ping 结果正确	5分	
10	合计	100分	

任务 3.17   综合实训 11——WLAN 及无线路由器配置

3.17.1   任务描述

小明家里开通了宽带,电信公司将光缆接入小区,经由光猫连接入户,光猫转接家用无线路由器,请完成无线路由器配置,使家庭所有智能设备均能接入无线局域网。

3.17.2   任务分析

无线路由器用双绞线连接光猫,现多由光猫完成用户登录并创建局域网且具备 DHCP 功能,无线路由器连接外网只需设置为自动获取 IP 地址即可完成。无线路由器还需要承担发射无线信号、组建家用智能设备 WLAN 的作用,具体操作则只需设置无线网络名称和登录密码。目前支持 Wi-Fi 6(第 6 代无线网络技术)的路由器多为双频段(2.4G 频段和 5G 频段),通常须分别设置名称和登录密码,也有双频段使用相同名称和登录密码的,读者可根据路由器实际情况进行设置。

3.17.3   任务实施

(1)实施步骤

步骤1   无线路由器接入电源并用终端设备连接。台式计算机、笔记本电脑、智能手机均可作为终端连接无线路由器。计算机端可通过双绞线连接到无线路由器 LAN 接口,笔记本电脑和智能手机可搜索无线网络名称并输入密码登录,新路由器一般有初始无线网络名称和默认登录密码,可在说明书或者包装盒上找到。

　　步骤 2　登录无线路由器。终端设备连接无线路由器后打开 Internet 浏览器,在地址栏中输入无线路由器的默认 IP 地址,多为 192.168.1.1 或者 192.168.0.1,即可进入登录界面,不同品牌不同型号设备界面不同,本任务以 TL-XDR5430 易展版路由器为例演示,如图 3.17.1 所示。

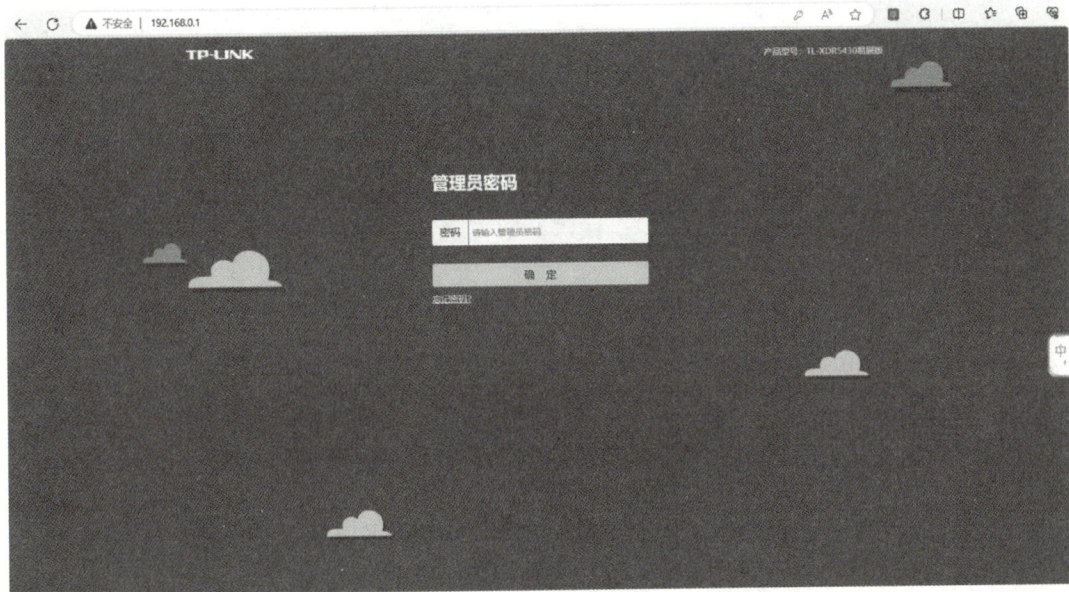

图 3.17.1　登录界面

　　默认登录用户名多为 admin,现在大部分路由器直接锁定用户名,不可修改,则登录时只用输入密码,无须输入用户名。登录后可修改登录密码,防止其他用户猜中默认密码进行登录。登录后界面如图 3.17.2 所示。

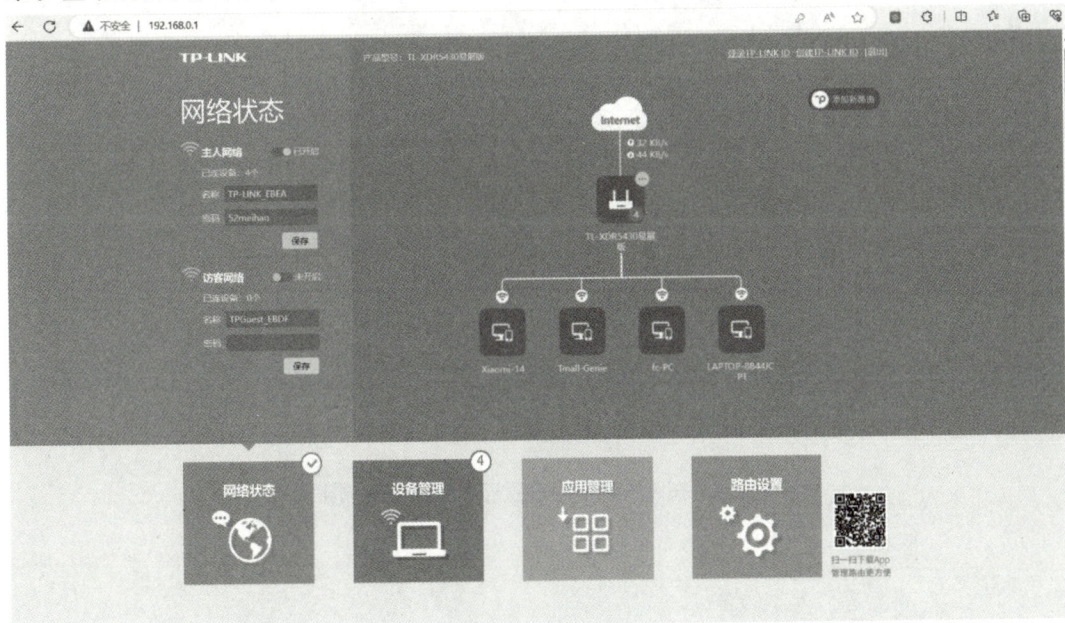

图 3.17.2　登录后界面

步骤3 设置无线路由器(仅列出最常用设置):

①快捷方式设置无线网络名称和密码,如图 3.17.3 所示。

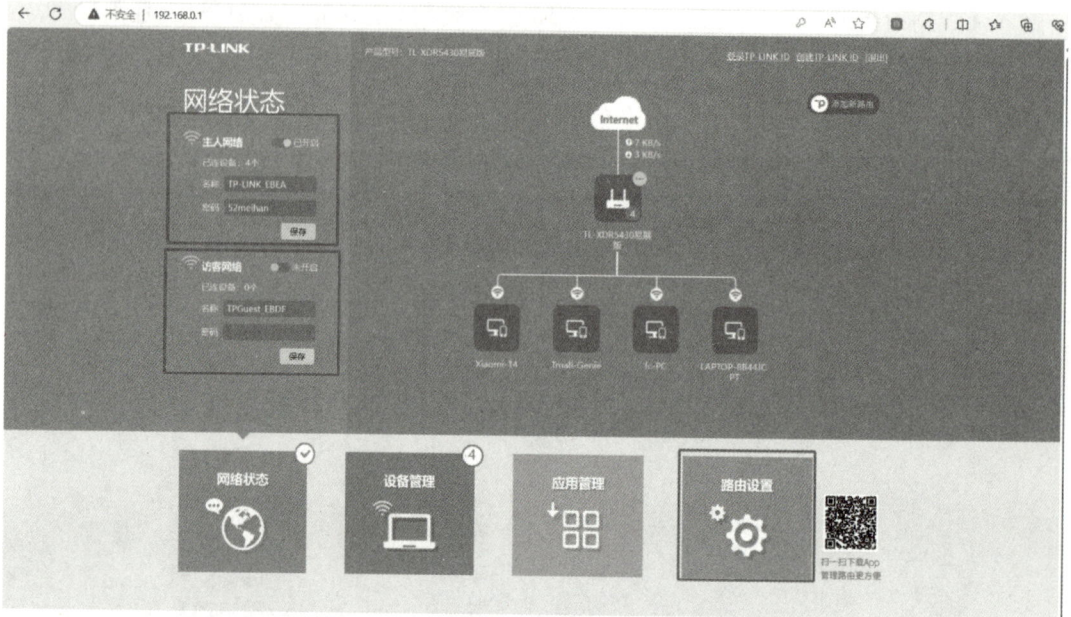

图 3.17.3 快捷方式设置无线网络名称和密码

②进入路由设置,设置无线网络名称和密码,如图 3.17.4 所示。

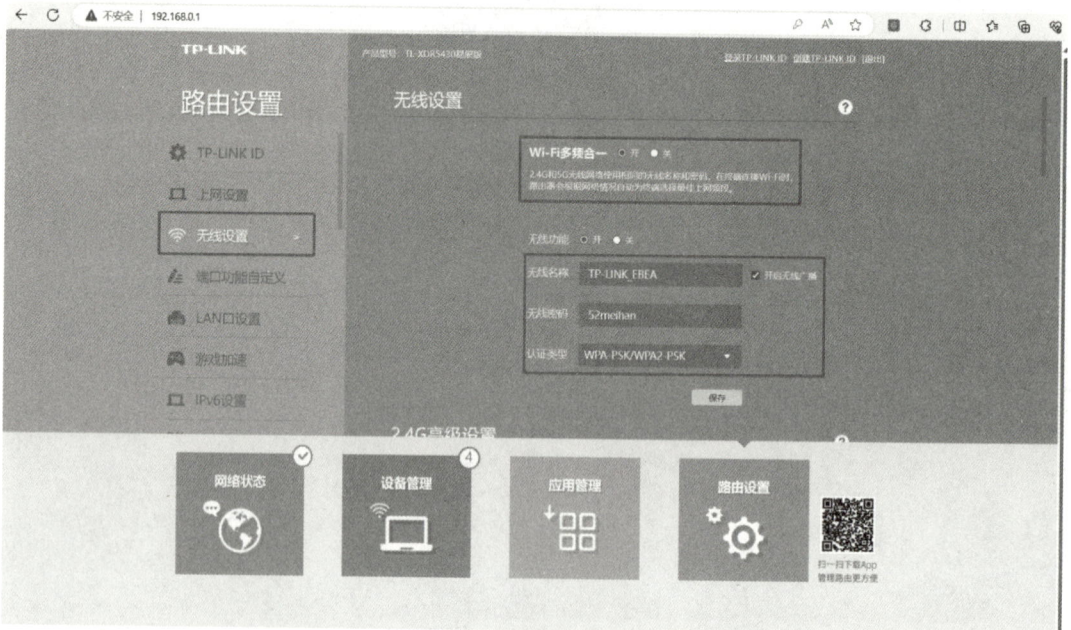

图 3.17.4 在路由设置中设置无线网络名称和密码

还可具体设置无线网络的两种频率:2.4G 网络(图 3.17.5)和 5G 网络(图 3.17.6)。

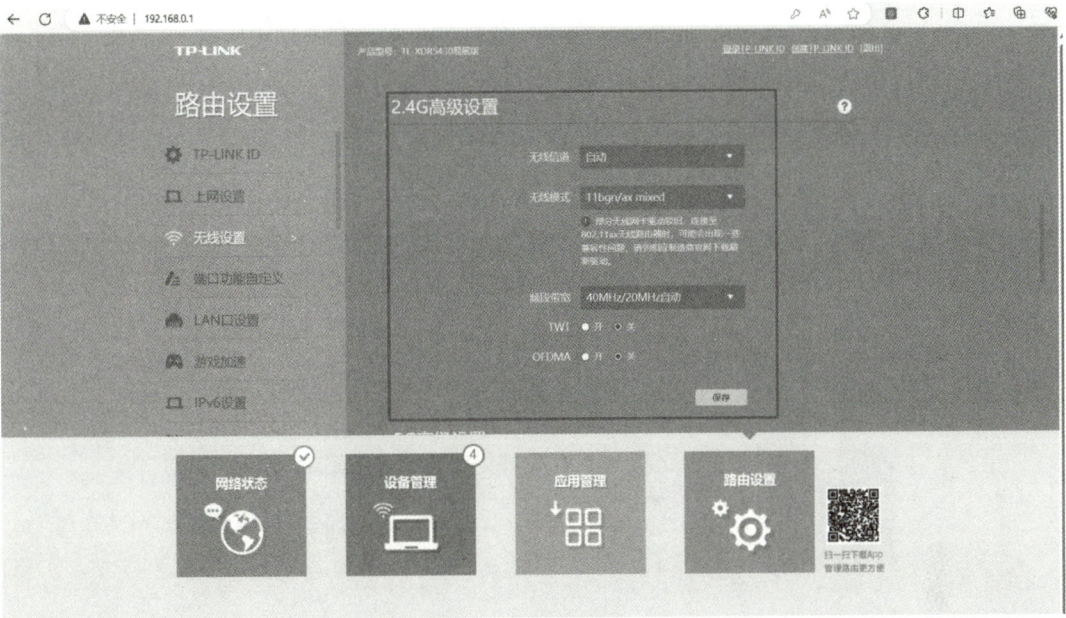

图 3.17.5　2.4G 网络设置

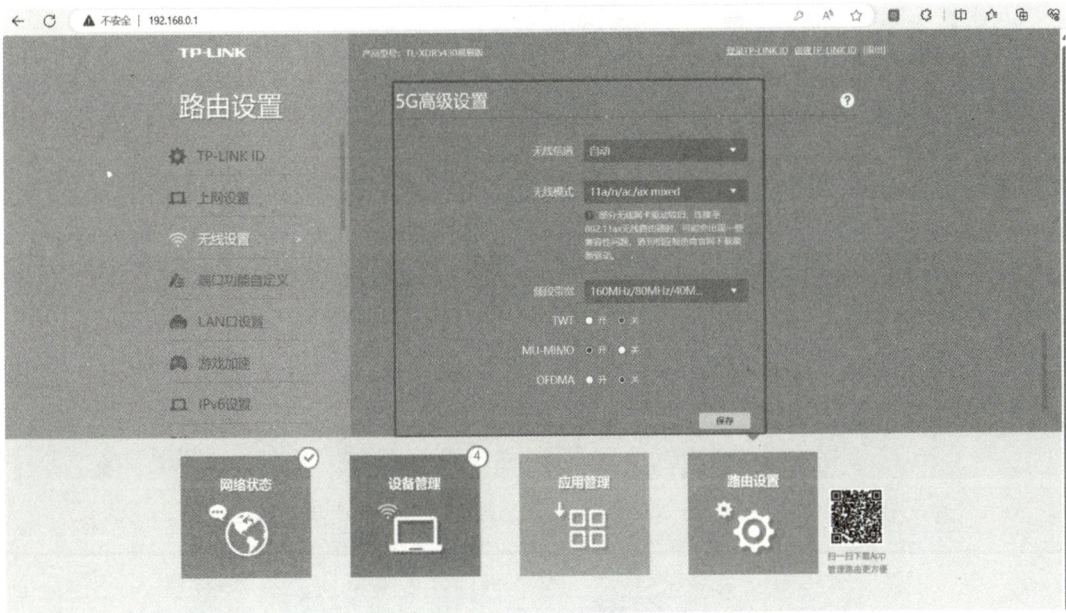

图 3.17.6　5G 网络设置

步骤4 设置无线路由器的上网方式(连接外网),如图 3.17.7 所示。

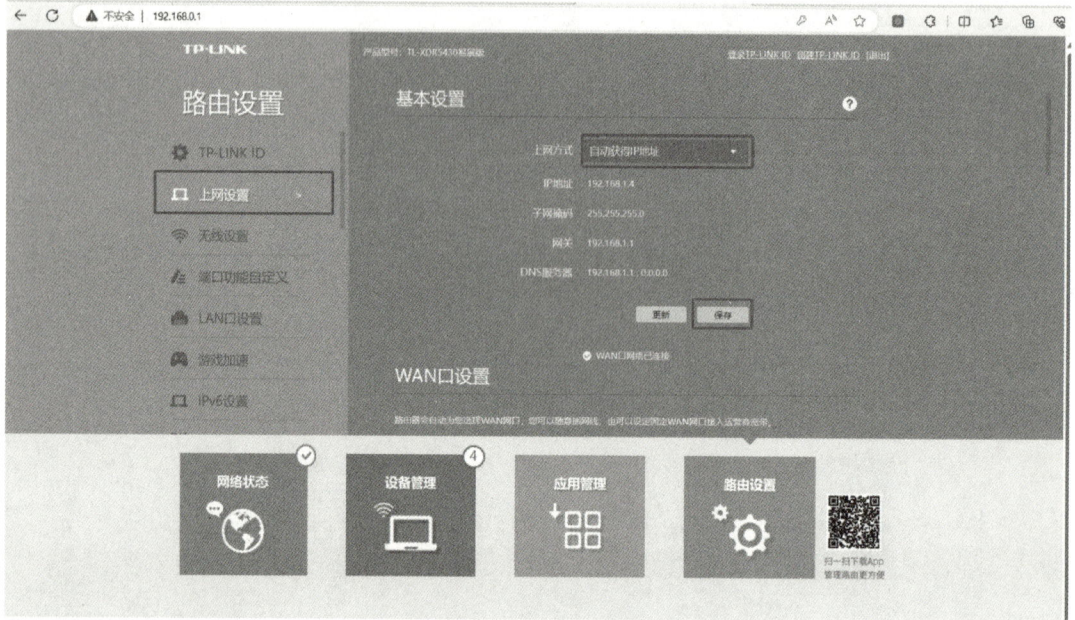

图 3.17.7 上网设置

可根据实际网络状态更改上网方式,如图 3.17.8 所示。

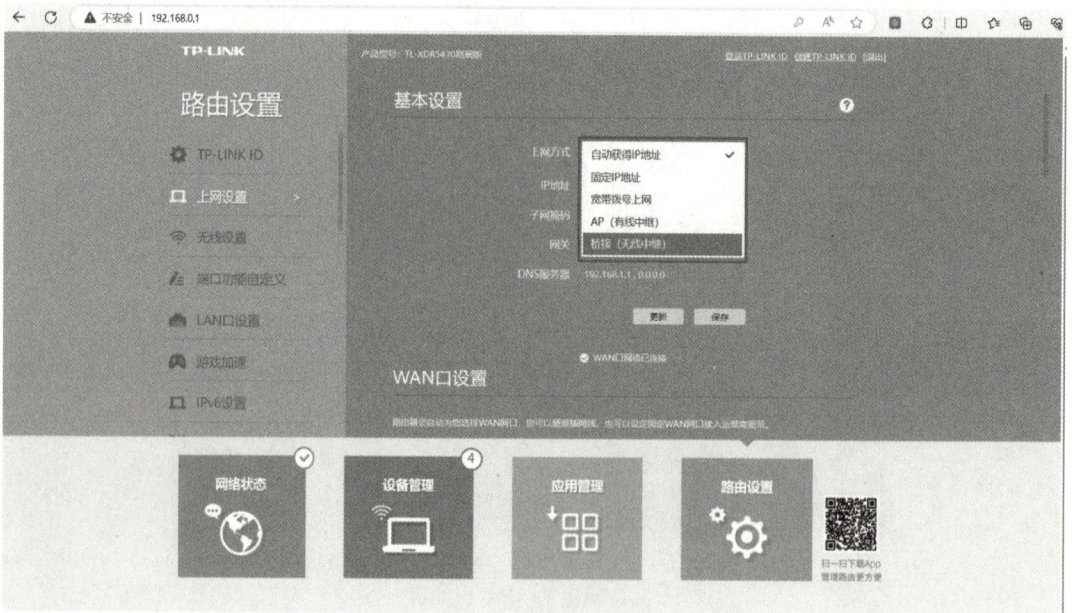

图 3.17.8 更改上网方式

步骤5 设置 DHCP 服务器,如图 3.17.9 所示。

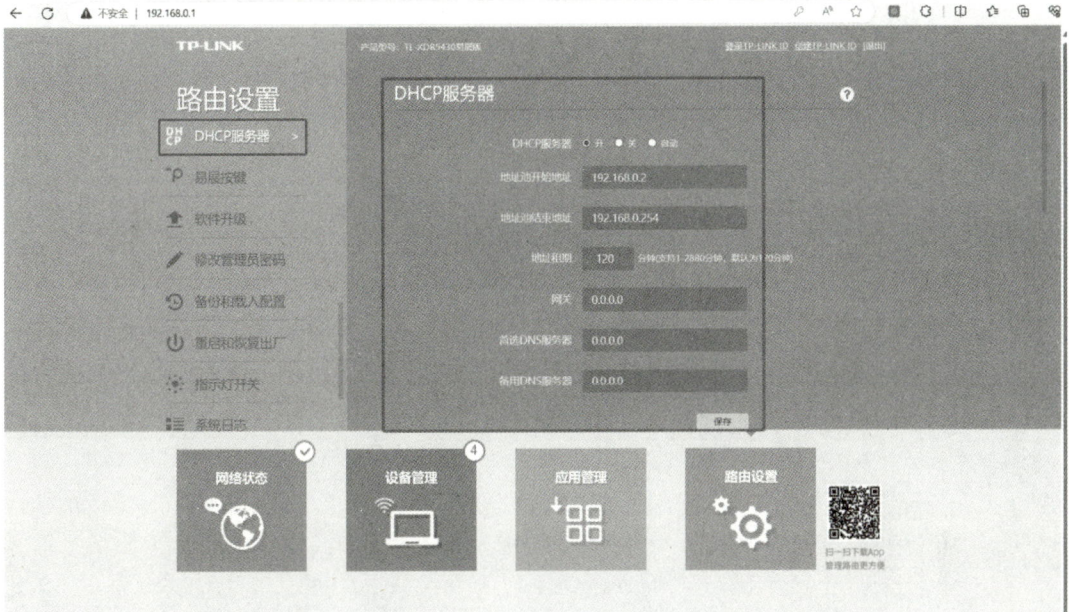

图 3.17.9 设置 DHCP 服务器

步骤6 修改管理员密码,如图 3.17.10 所示。

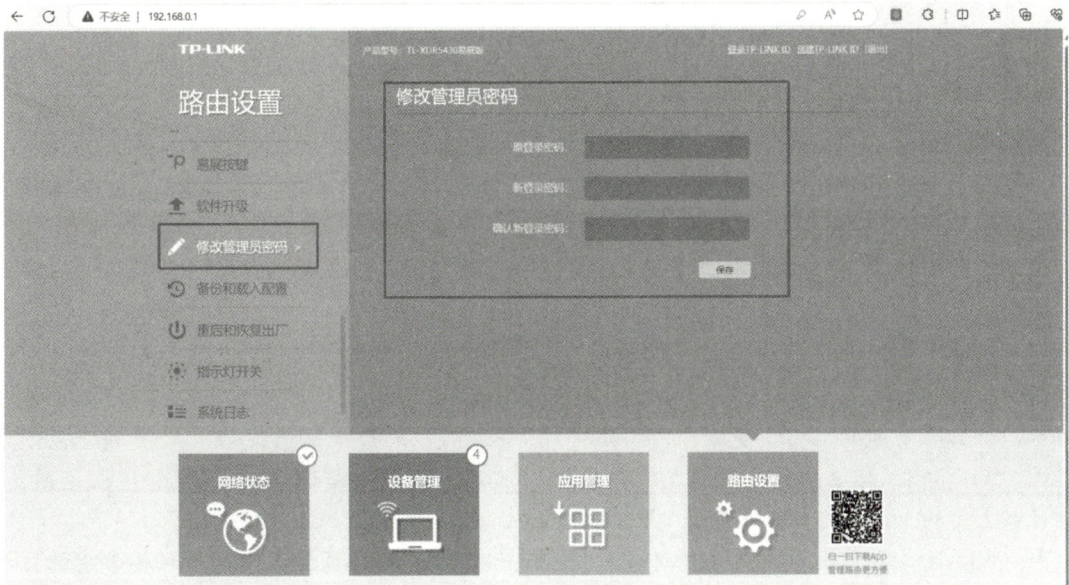

图 3.17.10 修改管理员密码

其他设置及应用读者可自行学习研究。

步骤7 手机查找设置的 WLAN,并使用对应密码登录,如图 3.17.11 所示。

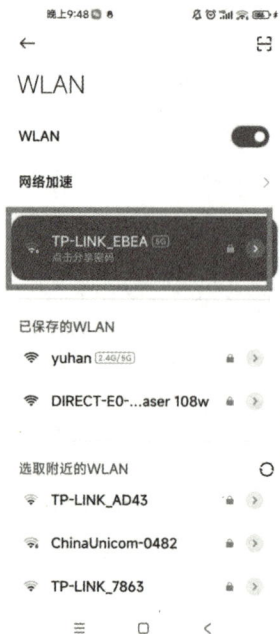

图 3.17.11　手机登录

(2)结果验证

无线路由器连接光猫多采用 DHCP 自动获取 IP 地址,如果外网连接正确,最终手机登录后可正常访问网络,则设置正确。

【知识拓展】

在当今的网络时代,经济发达地区已经几乎实现家家户户光纤入户了,家用智能设备也越来越多,台式计算机、笔记本电脑、智能手机、平板电脑、网络电视、无线网络打印机、智能家居设备、智能穿戴设备等都需要连接网络,通常我们会在家庭中使用无线路由器组建无线局域网,也就是 WLAN(Wireless Local Area Network)。

Wi-Fi(Wireless Fidelity)是一种无线网络技术标准。它允许设备通过无线信号连接到互联网和其他网络。Wi-Fi 技术采用无线局域网技术,通过无线信号传输数据。Wi-Fi 技术广泛应用于家庭、企业、学校、酒店、咖啡厅等场所,为用户提供便捷的无线网络连接方式。Wi-Fi 技术标准一直在不断发展和更新,不断提升无线网络速度、稳定性和覆盖范围,目前主要的 Wi-Fi 技术标准包括 802.11a/b/g/n/ac/ax 等。

WLAN 是指无线局域网这种网络类型,Wi-Fi 实际是 WLAN 技术中的一种较常用的技术标准。

3.17.4　任务评价

序号	评分点	分值	得分
1	正确连接无线路由器默认网络	10 分	
2	正确登录无线路由器	10 分	

序号	评分点	分值	得分
3	完成无线路由器上网设置	20 分	
4	完成无线网络名称和密码设置	20 分	
5	修改无线路由器登录密码	20 分	
6	手机连接新设置的无线网络并尝试上网	20 分	
	合计	100 分	

任务 3.18　DHCP

3.18.1　任务描述

机房或者办公室的台式计算机,一般需要设置合理的 IP 地址才能正常访问网络,这也被称为静态 IP 地址,但是手机或者笔记本电脑连接无线路由器,一般不设置具体 IP 地址,而是自动获取,这是因为无线路由器具备 DHCP 功能,而机房或者办公室的台式计算机大多连接二层交换机,不具备 DHCP 功能,接下来让我们详细了解一下 DHCP。

3.18.2　知识背景

动态主机配置协议(Dynamic Host Configuration Protocol,DHCP)是一种网络协议,用于动态分配 IP 地址和其他相关的网络配置参数,如子网掩码、网关和 DNS 服务器。在现代网络中,DHCP 扮演着至关重要的角色,为设备提供自动化的网络配置,简化网络管理,提高效率和安全性。

1)DHCP 的工作原理

DHCP 基于客户端/服务器模型,客户端设备在连接到网络时向 DHCP 服务器发送 DHCP 请求消息,请求 IP 地址和其他网络配置信息。DHCP 服务器接收到客户端的请求后,根据预先配置的规则分配 IP 地址和其他配置信息,并通过 DHCP 响应消息将这些信息发送给客户端。客户端设备在接收到 DHCP 响应消息后,自动应用获得的 IP 地址和配置信息,完成网络连接设置。

DHCP 服务器需要事先配置 IP 地址池、子网掩码、网关、DNS 服务器等参数。IP 地址池是 DHCP 服务器用来分配 IP 地址的范围,每当有新的客户端请求 IP 地址时,DHCP 服务器会从 IP 地址池中选取一个可用的 IP 地址分配给客户端。子网掩码用于确定 IP 地址的网络和主机部分,网关指示客户端设备通过哪个设备访问外部网络,DNS 服务器指定了用于解析域名的域名服务器地址。

DHCP 还支持动态租约功能,即客户端在 DHCP 服务器上租用 IP 地址和配置信息一段时间,在租约到期前可以向 DHCP 服务器申请续租或释放 IP 地址。这种动态分配的方式可以最大限度地利用 IP 地址资源,并为网络管理员提供更灵活的管理策略。

DHCP 的工作原理如图 3.18.1 所示。

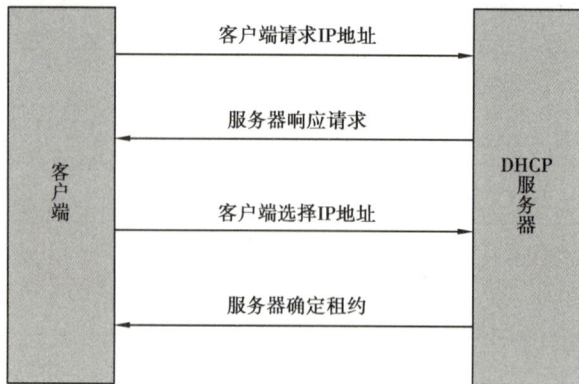

图 3.18.1　DHCP 的工作原理

2)DHCP 的优势

DHCP 协议具有许多优势,使其成为现代网络管理中不可或缺的一部分:

①自动化配置:DHCP 可以自动分配 IP 地址和其他配置信息,减少了手动配置带来的烦琐和错误,同时降低了网络管理的成本和复杂性。

②灵活的网络管理:DHCP 支持动态租约和配置参数的更新,使网络管理员能够根据需求调整 IP 地址分配策略和配置参数,更好地管理网络资源。

③IP 地址资源优化:DHCP 可以动态分配 IP 地址,避免了固定 IP 地址导致的资源浪费和冲突,使网络中的 IP 地址能够更有效地利用。

④网络安全性:通过控制 DHCP 服务器上的访问权限和配置参数,网络管理员可以确保只有授权设备能够获取 IP 地址和访问网络,提高了网络的安全性。

⑤简化网络部署:DHCP 可以快速配置大量设备的网络连接,降低了网络部署的复杂性和时间成本,提高了部署效率。

3)DHCP 的应用场景

DHCP 广泛应用于各种网络环境中,包括家庭网络、企业网络、学校网络等。以下是常见的 DHCP 应用场景:

①企业网络:在企业内部网络中,DHCP 可以帮助管理员轻松管理大量设备的 IP 地址和其他配置信息,简化网络管理流程,提高工作效率。

②学校网络:在学校或教育机构中,DHCP 可以帮助管理大量学生和教职工设备的网络连接,确定访问权限和网络资源的分配。

③云服务提供商:在云计算环境中,DHCP 可以帮助用户快速配置虚拟机和容器的网络连接,为服务提供商提供灵活的网络管理解决方案。

④无线网络:在 Wi-Fi 网络中,DHCP 可以帮助无线设备快速获取 IP 地址和配置信息,实现无线网络的自动化连接和管理。

⑤家庭网络:在家庭网络中,DHCP 可以帮助家庭用户管理多个设备的联网,确保网络连接稳定和安全。

总之,DHCP 作为一种自动化配置网络的重要协议,为网络管理带来了诸多便利,广泛应用于各种网络环境中。通过了解 DHCP 的工作原理、优势和应用场景,可以更好地理解和利用 DHCP 协议,提高网络的管理效率和安全性。DHCP 的发展和应用将进一步推动网络技术的发展和创新,为数字化生活带来更多可能性。

3.18.3　课后练习

一、单选题

DHCP 服务器的功能包括(　　　)。

A.分配静态 IP 地址给所有设备　　　　B.动态分配 IP 地址给客户端设备

C.控制网络流量和带宽分配　　　　　　D.映射域名到对应的 IP 地址

二、操作题

1.结合上一个任务无线路由器的设置中 DHCP 的设置加深对 DHCP 功能的理解。

2.自学如何在三层交换机和路由器中进行 DHCP 设置,可使用思科模拟器进行练习。

模块4
畅游互联网

【知识目标】

1.了解互联网的应用。

2.了解 WWW 的功能。

3.掌握 DNS 的概念及功能。

【能力目标】

1.能够使用浏览器访问互联网。

2.能够在互联网中正确下载软件。

3.能够分析域名的构成。

【素质目标】

1.通过使用搜索引擎,培养良好的自学意识和自学能力。

2.通过对相关法律与职业道德的学习,培养良好的上网习惯。

3.了解计算机技术的发展,培养创新意识。

任务 4.1 WWW 及相关技术

4.1.1 任务描述

使用 Internet 浏览器访问网站服务器、获取网页信息,是使用网络最重要的方式。使用互联网时可通过网页信息直接获取资讯,也可找到软件及各类网络共享文件的下载链接,实现很多网络相关服务,如电子邮件、在线游戏、网络支付等。接下来让我们进行详细了解。

4.1.2 知识背景

1)WWW 的相关概念

（1）WWW 的简介

万维网（World Wide Web,WWW）是 Internet 上被广泛应用的一种信息服务,它建立在 C/S 模式之上,以 HTML 语言和 HTTP 协议为基础,能够提供面向各种 Internet 服务的、统一用户界面的信息浏览系统。WWW 服务器利用超文本链路来链接信息页,这些信息页既可放置在同一主机上,也可放置在不同地理位置的不同主机上。

文本链路由统一资源定位器(URL)维持,WWW 客户端软件(又称 WWW 浏览器、Web 浏览器或 Internet 浏览器)负责显示信息和向服务器发送请求。

WWW 能把各种类型的信息(如文本、图像、声音、动画、影像等)和服务(如 News,FTP,Telnet,Gopher,Mail 等)无缝连接,提供生动的图形用户界面(GUI)。WWW 为全世界的人们提供了查找和共享信息的手段,是人们进行动态多媒体交互的最佳方式。

(2)超文本与超链接

文字信息的组织通常采用有序的排列方法。随着计算机技术的发展,人们不断推出新的信息组织方式,以方便对各种信息的访问,超文本就是其中之一。

所谓"超文本",就是指它的信息组织形式不是简单地按顺序排列,而是用由指针链接的复杂的网状交叉索引方式,对不同来源的信息加以链接。可链接的信息有文本、图像、动画、声音或影像等,而这种链接关系称为"超链接"。

(3)超文本传输协议 HTTP

HTTP 是 Internet 可靠地传送文本、声音、图像等各种多媒体文件所使用的协议。HTTP 协议是 Web 操作的基础,它保证正确传输超文本文档,是一种最基本的客户机/服务器的访问协议。它可以使浏览器更加高效,使网络传输流量减少。

(4)统一资源定位符 URL

网页位置、该位置的唯一名称及访问网页所需的协议,这 3 个要素共同定义了统一资源定位符(Uniform Resource Locator,URL)。在万维网上使用 URL 来标识各种文档,并使每一个文档在整个因特网范围内具有唯一的标识符 URL。URL 给网上资源的位置提供了一种抽象的识别方法,并用这种方法来给资源定位。

URL 的格式如下(URL 中的字母不区别大小写):

<URL 的访问方法>://<主机>:<端口>/<路径>

其中,<URL 的访问方式>表示要用来访问一个对象的方法名(一般是协议名),<主机>是必需的,<端口>和<路径>有时可省略。

(5)主页

主页(Homepage)是指个人或机构的基本信息页面,用户通过主页可以访问有关的信息资源。主页通常是用户使用 WWW 浏览器访问 Internet 上的任何 WWW 服务器(即 Web 主机)所看到的第一个页面。通常主页的名称是固定的,如 index.htm 或 index.html 等(后缀.htm和.html 均表示 HTML 文档)。

(6)HTML

HTML 是超文本标记语言(Hypertext Markup Language)的缩写。它是一种用于创建和设计网页的标记语言,由一系列标签(或称为元素)组成,这些标签用于描述网页的结构和内容。HTML 可用于创建包含文本、图像、音频、视频等内容的网页,并可通过浏览器进行访问和展示。

HTML 是 Web 页面的基础,它提供了定义和组织文本、图像、链接和其他媒体内容的框架。通过使用 HTML,开发人员可利用不同的标签和属性来创建网页结构、排版、链接等各种元素。HTML 还可与 CSS(层叠样式表)和 JavaScript 等其他技术一起使用,以增强网页的外观效果和功能。

HTML 的版本从 HTML 1.0 到 HTML 5.0,每个版本都进行了改进并引入了新的特性。当前主要使用 HTML 5.0,简称 H5。

总之,HTML 是构建世界范围内广泛使用的互联网的基础,它为开发人员提供了一种标准化的方式来创建、排版和展示网页内容。

2) WWW 的基本工作原理

WWW 服务的工作原理是基于客户端-服务器模型进行的。以下是 WWW 服务的工作原理:

①客户端请求:用户通过浏览器在客户端发起对特定网站或资源的请求,如输入网址或点击链接。

②DNS 解析:客户端将网址发送给 DNS 服务器,DNS 服务器将域名解析为对应的 IP 地址。

③发送请求:客户端向服务器端发送 HTTP 请求,请求获取特定网页或资源。

④服务器响应:服务器接收到请求后,会根据请求的内容,响应相应的 HTML 页面或资源。

⑤数据传输:服务器将响应的 HTML 页面或资源通过 HTTP 协议传输给客户端。

⑥浏览器渲染:客户端浏览器接收到响应后,解析 HTML、CSS、JavaScript 等内容,进行页面渲染,显示网页内容和效果。

⑦交互与动态内容:客户端浏览器可能会继续请求其他资源,如图片、视频,或者通过 AJAX 技术实现与服务器之间的交互,获取动态内容。

⑧终止连接:当客户端浏览器关闭页面或者切换到其他页面时,与服务器的连接将被终止。

4.1.3 课后练习

一、判断题

1.WWW 即 World Wide Web,我们经常称它为局域网。(　　　)

2.网页编辑一般使用 HTML 语言。(　　　)

3.网页上除了文字信息,其他信息(如图片、视频、下载文件等)均为超链接。(　　　)

二、单选题

1.1965 年科学家提出"超文本"概念,其"超文本"的核心是(　　　)。

A.链接　　　　　　　B.网络　　　　　　　C.图像　　　　　　　D.声音

2.在地址栏中输入 http://www.sqlmx.cn,其中,www.sqlmx.cn 是一个(　　　)。

A.域名　　　　　　　B.文件　　　　　　　C.邮箱　　　　　　　D.国家

任务 4.2　DNS

4.2.1 任务描述

访问网站一般是在浏览器地址栏输入"网址",如 www.baidu.com,这就是域名。但是计算机在通信时其实是访问该网站服务器的 IP 地址,这就需要有一个网络设备把域名转换成对应的 IP 地址,起到这个功能的网络设备就是 DNS 服务器。接下来让我们详细了解一下。

4.2.2　知识背景

（1）DNS 简介

DNS（Domain Name System）即域名系统，是互联网中用于域名解析的系统。它的主要作用是将人类可读的域名（如 www.baidu.com）转换成计算机可理解的 IP 地址（如 114.144.114.114），从而实现互联网上各个服务之间的通信。

（2）域名系统的结构

域名采用分层次方法命名，每一层都有一个子域名。域名由一串用小数点分隔的子域名组成。域名的一般格式为：

计算机名.组织机构名.网络名.最高层域名

（3）DNS 的工作原理

DNS 是一个分层的系统，包括多个 DNS 服务器：

①根域名服务器（Root Name Server）：在 DNS 系统中处于最顶层，负责指引请求到顶级域名服务器。

②顶级域名服务器（Top-Level Domain Server）：负责维护顶级域名的信息，Internet 划分为多个顶层域，并为每个顶层域规定了通用的顶层域名，如图 4.2.1 所示。

顶层域名	域名类型
com	商业组织
edu	教育机构
gov	政府部门
int	国际组织
mil	军事部门
net	网络支持中心
org	各种非营利性组织
国家代码	各个国家和地区

图 4.2.1　顶级域名服务器

③权威域名服务器（Authoritative Name Server）：负责存储特定域名下具体的主机记录，如 www.example.com 等。

④本地域名服务器（Local DNS Server）：也称递归查询服务器，通常由用户的互联网服务提供商（ISP）提供，负责接收客户端查询请求并协助解析域名。

当一个用户输入一个域名时，本地 DNS 服务器会先查找自己的缓存，如果找不到则向根域名服务器发出请求，根域名服务器会指引请求到顶级域名服务器，然后顶级域名服务器再指引到权威域名服务器，最终找到对应的 IP 地址返回给用户。具体的解析步骤如图 4.2.2 所示。

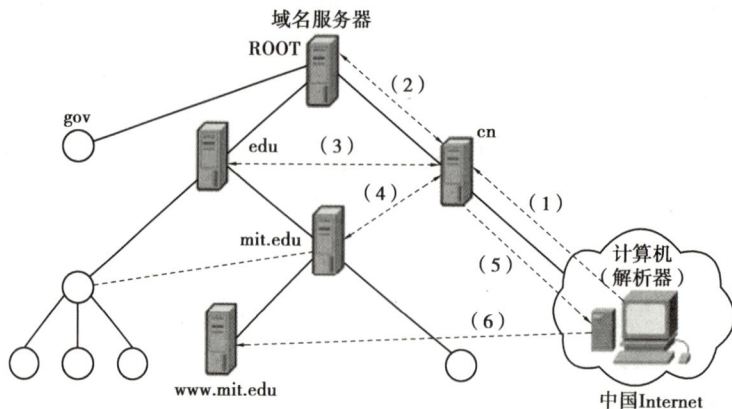

图 4.2.2

4.2.3 课后练习

(单选)域名解析系统的英文简写是(   )。

A.DHCP   B.HTTP   C.DNS   D.MAC

任务 4.3 电子邮件

4.3.1 任务描述

电子邮件是重要的通信和办公用工具。在计算机网络早期阶段,多用于替代真实信件,可提供更丰富的多媒体选项,同时,因为电子邮件可添加附件,完成电子文件的发送与接收,所以逐渐成为电子办公收集电子文件的重要工具。接下来让我们详细了解一下。

4.3.2 知识背景

1)相关概念

(1)电子邮件

电子邮件(Electronic Mail,简称 email)是一种通过计算机网络传输文本、图片、文件等信息的通信方式。它是计算机网络中最常见和使用最广泛的通信工具之一。

(2)电子邮件地址

电子邮件与传统邮件一样,也需要一个地址。在 Internet 上,每个使用电子邮件的用户都必须在各自的邮件服务器上建立一个邮箱,拥有一个全球唯一的电子邮件地址,也就是通常所说的邮箱地址。

电子邮件地址采用基于 DNS 所用的分层命名的方法,其结构为:

Username@ Hostname.Domain-name 或用户名@ 主机名

其中,Username 表示用户名,代表用户在邮箱中使用的账号;@ 表示 at(即中文"在"的意思);Hostname 表示用户邮箱所在的邮件服务器的主机名;Domain-name 表示邮件服务器所在域名。

（3）电子邮件使用的网络协议

①SMTP（Simple Mail Transfer Protocol）：SMTP 是用于发送邮件的标准协议。当用户发送一封电子邮件时，其电子邮件客户端使用 SMTP 协议将该邮件从发送方的电子邮件服务器传递到接收方的电子邮件服务器。

②POP（Post Office Protocol）：POP 是用于接收邮件的协议。用户的邮件客户端可通过 POP 将存储在邮件服务器上的邮件下载到本地计算机上。

③IMAP（Internet Message Access Protocol）：IMAP 也是用于接收邮件的协议，提供更多的功能和灵活性。IMAP 在本地计算机上保存邮件的镜像，并允许用户对邮件进行多设备同步、文件夹管理等操作。

④MIME（Multipurpose Internet Mail Extensions）：MIME 是用于支持在电子邮件中发送多媒体内容的标准。通过 MIME，用户可在电子邮件中发送图片、音频、视频等非文本内容。

⑤SPF（Sender Policy Framework）：SPF 是一种用于验证发件人身份的技术，帮助防止垃圾邮件和伪造邮件。

⑥DKIM（DomainKeys Identified Mail）：DKIM 是另一种用于验证邮件的技术，可确保邮件的完整性和真实性。

2）电子邮件的工作原理

电子邮件的工作原理是通过邮件服务器之间的邮件传递，发送方将邮件传输到自己所使用的邮件服务器上，再由邮件服务器将邮件传输到接收方所使用的邮件服务器上，并将邮件存储在接收方的邮箱中。接收方随后可通过登录邮件服务器查看收到的邮件。具体如图 4.3.1 所示。

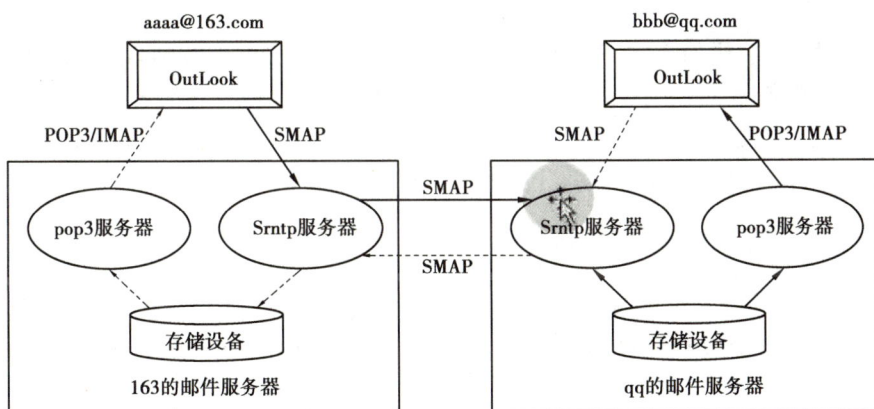

图 4.3.1　电子邮件的工作原理

3）电子邮件的优点

①实时通信：电子邮件可以实现快速的信息传递，无论对方身在何处，只要有网络连接即可收到邮件。

②方便快捷：通过电子邮件，用户可以随时随地发送和接收信息，在传递信息的速度和效率上大大超过传统邮件。

③多媒体支持:电子邮件不仅支持文字内容,还可以发送图片、音频、视频等多种格式的文件。

④大容量承载:电子邮件的邮箱存储容量一般较大,用户可长时间保存邮件信息,而且可随时搜索查看历史邮件。

⑤环保节约:电子邮件不需要纸张和邮寄物品,减少了纸张的消耗,节约了资源。

尽管电子邮件存在一些安全隐患(如钓鱼邮件、恶意软件等),但它依然被广泛应用于个人、企业和组织之间的日常沟通和信息传递中。

4.3.3 课后练习

1.(单选)下列选项中,表示电子邮件地址的是(　　)。

A.123456789@163.com   B.192.168.0.1

C.www.gov.cn   D.www.sqlmx.cn

2.(单选)电子邮件地址 stu@sqlmx.cn 中的 sqlmx.cn 代表(　　)。

A.用户名   B.学校名

C.学生姓名   D.邮件服务器名称

3.(单选)发送电子邮件时,如果接收方没有开机,那么邮件将(　　)。

A.丢失   B.退回给发件人

C.开机时重新发送   D.保存在邮件服务器上

任务 4.4　FTP

4.4.1　任务描述

以访问网络计算机的方式直接将目标计算机中的共享文件下载到自己的计算机上,是早期很流行的网络共享方式,也是获取网络文件的重要手段,这就是 FTP 技术的常见应用方式。随着时代的发展,网络传输文件的方式有了很大的变化,FTP 的使用在逐渐变少,但是在特定环境下依然有应用,接下来就让我们详细了解一下。

4.4.2　知识背景

(1)基本概念

FTP(File Transfer Protocol)即"文件传输协议",是一种用于在计算机网络上进行文件传输的标准协议,最早由 Abhay Bhushan 在 1971 年创建。它是一种客户端-服务器协议,允许用户通过网络在不同计算机之间传输文件,包括上传、下载、删除和重命名文件等操作。FTP在互联网和局域网中被广泛应用,通过 FTP 进行文件传输是一种非常常见的文件传输方式。

(2)FTP 工作原理

FTP 工作原理如下所述(图 4.4.1):

①建立连接:FTP 客户端通过向 FTP 服务器发送连接请求来建立连接。FTP 服务器监听在 TCP 端口 21。一旦连接建立,客户端和服务器之间就可以开始进行通信。

②身份验证:客户端在连接建立后会通过用户名和密码进行身份验证。如果验证失败,客户端将无法访问服务器上的文件。

③文件传输：一旦身份验证成功，客户端就可发送各种命令来执行文件传输操作。常见的 FTP 命令包括上传文件、下载文件、删除文件、创建目录等。

④数据传输模式：FTP 支持两种数据传输模式，即主动模式和被动模式。在主动模式下，客户端会在随机端口向服务器发送数据传输请求；在被动模式下，服务器会在随机端口监听客户端的数据传输请求。

⑤关闭连接：当文件传输完成后，客户端可主动关闭连接，也可保持连接以进行其他操作。服务器在一段时间内无操作时会自动关闭连接。

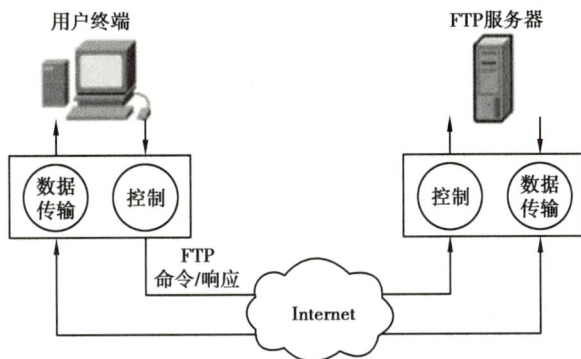

图 4.4.1　FTP 工作原理

（3）FTP 的主要功能

①把本地计算机上的一个或多个文件传输到远程计算机上（上传），或从远程计算机上获取一个或多个文件（下载）。

②能够传输多种类型、多种结构、多种格式的文件。

③提供对本地计算机和远程计算机的目录操作功能，可在本地计算机或远程计算机上建立或者删除目录、改变当前工作目录及打印目录和文件的列表等。

④对文件进行改名、删除、显示文件内容等。

（4）匿名 FTP

在 Internet 上要连接 FTP 服务器，大多要经过一个登录（Login）的过程，要求输入用户在该主机上登记的账号和密码。

为了方便用户，大部分主机都提供了一种称为"匿名"（Anonymous）的 FTP 服务，用户不需要主机的账号和密码即可进入 FTP 服务器，任意浏览和下载文件。

要使用匿名 FTP 时，只要以 Anonymous 作为登录的账号，输入用户的电子邮件地址作为密码即可进入服务器。如果用户使用 Anonymous 账号无法进入 FTP 主机，表示该主机不提供匿名 FTP 服务，必须有该主机的账号及密码，才能进入并下载其中的文件。

使用匿名 FTP 进入服务器时，通常只能浏览及下载文件，不能上传文件或修改服务器上的文件。但也有服务器会提供一些目录供用户上传文件。

4.4.3　课后练习

（单选）地址"ftp：//218.0.0.123"中的"ftp"是指（　　　）。

A.协议　　　　　　　B.网址　　　　　　　C.新闻组　　　　　　　D.邮件信箱

任务 4.5 Telnet

4.5.1 任务描述

当你是一个单位的网络管理员,需要对服务器进行操作,但又不在单位时,这时你该怎么处理呢? 这就要用到远程登录技术了。远程登录管理技术早在网络发展初期就已经出现,也就是 Telnet 远程登录技术,接下来让我们详细了解一下。

4.5.2 知识背景

(1)远程登录的概念及应用

远程登录(Telnet)是早期出现的也是最主要的 Internet 应用之一。

Telnet 允许 Internet 用户从其本地计算机登录到远程服务器上,一旦建立连接并登录到远程服务器上,用户就可向其输入数据、运行软件,就像直接登录到该服务器一样,可做任何其他操作。Telnet 还可远程登录到其他计算机,但是可执行的操作较少。

Internet 服务的主要应用如下:

①远程管理服务器:管理员可使用 Telnet 登录到远程服务器,以执行系统管理任务,如配置和监控。

②网络设备管理:Telnet 可用于连接到路由器、交换机和防火墙等网络设备,以进行配置和监控。

③调试和故障排除:Telnet 可用于远程调试和故障排除,允许用户连接到远程设备并检查其状态和日志。

④远程访问计算机:Telnet 还可用于远程登录到其他计算机,并执行命令行任务。

(2)Telnet 基本工作原理

与其他 Internet 服务一样,Telnet 服务系统也是客户机/服务器工作模式,主要由 Telnet 服务器、Telnet 客户机和 Telnet 通信协议组成。

在用户要登录的远程主机上必须运行 Telnet 服务软件,在用户的本地计算机上需要运行 Telnet 客户软件,用户只能通过 Telnet 客户软件进行远程访问。

Telnet 服务软件与客户软件协同工作,在 Telnet 通信协议的协调指挥下,完成远程登录功能,如图 4.5.1 所示。

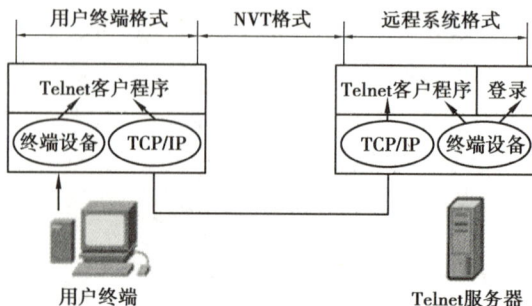

图 4.5.1 Telnet 基本工作原理

（3）Telnet 的使用

使用 Telnet 的条件是用户本身的计算机或向用户提供 Internet 访问的计算机是否支持 Internet 命令。

用户进行远程登录时，在远程计算机上应该具有自己的用户账户，包括用户名与用户密码。

远程计算机提供公共的用户账户，供没有账户的用户使用。

（4）Telnet 和远程协助的区别

Telnet 和远程协助是两种不同的远程访问工具和技术，它们之间有一些关键区别：

Telnet 是一种登录到远程主机的协议和工具，它主要用于管理计算机系统和网络设备，允许用户通过网络连接到远程主机并在该主机上执行命令。Telnet 远程登录传输的数据是明文的，不提供任何加密保护，因此安全性较低。

远程协助是一种远程技术，允许一个人连接到另一个人的计算机并协助他们解决问题。远程协助通常涉及协作者与受协助者之间的实时交互，协作者可查看、操作和控制受协助者的计算机。远程协助通常使用加密连接来保护数据安全。

因此，Telnet 用于远程登录和管理计算机系统，而远程协助用于协助他人解决问题和提供支持。Telnet 通常由系统管理员和网络工程师使用，而远程协助常用于技术支持和协作工作。

4.5.3　课后练习

（单选）如果网络工程师李工想在办公室远程登录核心层的一台路由器，该路由器的 IP 地址为 200.10.1.1，则他使用的指令为（　　　）。

A.ping　200.10.1.1　　　　　　　　B.telnet　200.10.1.1

C.tracert　200.10.1.1　　　　　　　D.http　200.10.1.1

模块5
网络管理员的自我修养 ●

【知识目标】

　　1.了解网络常见故障排除的方法。
　　2.了解网络安全的威胁。
　　3.掌握杀毒软件和防火墙的使用方法。
　　4.了解杀毒软件和防火墙的区别。
　　5.了解网络安全防护的一般原理。

【能力目标】

　　1.能够完成杀毒软件和防火墙的安装。
　　2.能够完成杀毒软件和防火墙的基本设置。
　　3.能够对家用网络进行安全设置。

【素质目标】

　　1.通过处理网络故障积累经验,培养良好的分析问题的素养。
　　2.通过学习网络资料,培养独立学习、独立解决常见网络故障的能力。
　　3.通过学习网络安全事件,培养遵纪守法、合理用网的良好品德。
　　4.培养勇于创新、善于发现的创新意识。

任务 5.1　常见网络故障排除

5.1.1　任务描述

　　作为专业网络管理人员,当网络出现故障时,排除故障是本职工作;作为普通人,如果可以处理常见的网络故障,也能极大地提高上网效率。接下来就让我们了解一下常见的网络故障及处理方法,做网络设备的合格管理者吧!

5.1.2　知识背景

　　1)产生网络故障的主要原因

　　(1)网络连接故障

　　网络连接故障是发生故障之后首先应当考虑的,通常网络连接故障会涉及网卡、网线、交换机、路由器等设备,如果其中一个出现问题,则必然会导致网络故障。

网络是否处于连接状态可进行测试。

(2)软件属性设置故障

计算机的配置选项、应用程序的参数设置不正确,也有可能导致网络故障的发生。

(3)网络协议故障

没有网络协议就没有计算机网络,如果缺少合适的网络协议,那么局域网中的网络设备和计算机之间就无法建立通信连接。所以网络协议在网络中处于举足轻重的地位,决定着网络能否正常运行。

2)常见故障排查过程

(1)识别故障的现象

在进行故障排查之前,必须确切地知道网络到底出现了什么问题,是无法共享网络、不能浏览网页,还是在"网上邻居"窗口中查找不到对方的计算机? 知道出现了什么问题并能够及时对其定位,是成功排除网络故障的首要条件。所以,在排查网络故障时一定要找到问题的关键。

总体来说,在识别网络故障时要注意以下方面:

①当网络发生故障时,正在运行哪些程序;

②这些程序以前是否成功运行过;

③如果成功运行过,最后一次运行是在什么时候;

④第一次发生故障之前对系统配置、软件配置及硬件设备配置曾做过哪些更改。

(2)故障现象的描述

在处理网络故障时,对故障的描述显得格外重要。如无法浏览网页,仅凭这个信息能判断出究竟是哪里出现问题了吗? 所以需要更详细的描述。

(3)列举可能出现故障的原因

在得知详细的网络故障之后,就要从多方面列举可能导致故障的原因。例如,无法浏览网页,是网络硬件故障、网络连接故障、网络协议设置不当,还是 IE 浏览器的参数设置有误? 此时不可能瞬间找出问题的根源所在,只能根据可能性将所有导致故障的原因逐一列举出来,不要忽略任何一个故障产生的原因。

(4)缩小搜索范围

在排查网络故障时,要借助一些软件工具或者硬件设备从各种有可能导致故障的原因中剔除非故障因素。这时需要对有可能导致故障的原因逐一进行测试,而且不要根据一次测试的结果断定某部分的网络运行正常或者不正常,要尽量使用各种方法来测试所有导致网络故障的可能性。

(5)排除故障

在经过测试、基本确定网络故障产生的原因后,就要对症下药。属于计算机故障的就要检查网络协议配置、应用程序的参数是否正确;属于网卡、网线等硬件故障的,可通过替换方法来排除网络故障。因为已经对所发生的网络故障有了充分了解,所以排除起来也就更容易。

(6)故障分析

故障分析的主要目的是制定对策来防止此类问题再次发生。例如,如果网络故障是由系统或者应用程序参数变更所导致的,那么就要在以后的使用中注意,尽量不要擅自修改这些参数。

3)网络故障检测工具

(1)硬件设备检测工具

诊断网络故障的硬件设备检测工具有许多,如数字万用表、时域反射仪、高级电缆测试仪、示波器、协议分析仪等。

(2)软件检测工具

在 Windows、UNIX、Linux 等操作系统中,都附带有一些小巧但很实用的网络诊断程序,如 ping、ipconfig/ifconfig、tracert/traceroute、netstat 等。

灵活地运用这些工具,可以快速、准确地确定网络中的故障。

4)故障排除实例

[实例1]　有一个大型计算机机房,大量计算机出现"本机的计算机名已经被使用""IP 地址冲突"等提示。

分析:此机房使用网络复制安装系统,因为安装了保护卡,后来手动修改计算机名和 IP 地址时,有些计算机忘记取消保护。

由于机房较大,查找发生冲突的计算机有些困难。这时,应注意出现冲突时会提示发生冲突的计算机网卡的 MAC 地址。利用这些 MAC 地址,可以很容易地找到冲突的计算机。建议机房管理人员事先把所有计算机的 MAC 地址统计一遍,这对以后查找网络故障和配置安全机制十分有用。

[实例2]　其局域网可以 Ping 通 IP 地址,但 Ping 不通域名。

分析:这表示 TCP/IP 中的"DNS 设置"不正确,请检查其中的配置。对于对等网而言,"主机"应该填计算机本身的名称,"域"无须填写,DNS 服务器应该填计算机本身的 IP 地址。对于服务器/工作站网络而言,"主机"应该填服务器的名称,"域"应该填局域网服务器设置的域,DNS 服务器应该填服务器的 IP 地址。

[实例3]　一台计算机,网络配置正常,但不能连通网络。

分析:本机通过信息插座和局域网连接,经确认网络配置和网卡没有问题后,怀疑是连接计算机和信息插座的网线有问题。把此网线换到其他计算机中,工作正常。于是怀疑信息插座到交换机的线路有问题,经检测也没有问题。

使用测线仪再次测试网线,发现 2 线有时不通,仔细检查,原来在制作网线时 2 线已快要被压线钳压断。使用网线时,因为该线曲折,这条线偶尔会通。重新制作网线后,故障排除。

使用压线钳剥双绞线的外皮时,非常容易出现这种现象,有些线被压得快要断开,但还能使用,长时间使用会导致网络不通。在制作网线时一定要仔细检查,不能做完后测试通过就了事。

【课程思政】

网络故障排除是综合能力的体现,既要有扎实的基础知识储备,又要仔细观察,细心分析,耐心测试,最终才能发现问题并解决问题。一位优秀的网络管理者是在不断出现问题、分析问题、解决问题中积累经验,不断了解和学习新的网络管理事件后提升个人技能水平,最终"百炼成钢",读者要保持对知识的敬畏,既要勤学,又要保持谦逊,还要有耐心,不怕烦冗。真正优秀的网络管理者称得上"技术能手"和"技术尖兵"!

5.1.3 课后练习

1.(单选)以下工具中可以帮助网络管理员诊断网络故障的是(   )。

A.Ping   B.Web 浏览器   C.视频会议软件   D.游戏应用程序

2.(单选)当用户无法连接到公司内部网络时,(   )不是造成网络连接问题的可能原因。

A.网络线路故障   B.DHCP 服务器停机

C.用户设备未安装防火墙软件   D.网络中的路由器配置错误

任务 5.2   网络安全技术

5.2.1   任务描述

随着信息技术和网络技术的高速发展,信息安全问题形势也空前严峻,真正的网络安全包罗万象,是网络技术的集大成者,网络安全管理人才是国家极缺的高端技术人才。本任务将讲解基本的网络安全技术,为今后深研网络安全技术打下坚实的基础。

5.2.2   知识背景

1)网络安全的概念

网络安全是指网络系统的硬件、软件及系统中的数据受到保护,不受偶然的因素或恶意的攻击而遭到破坏、更改、泄露,系统能连续可靠地正常运行,网络服务不中断。

网络安全具备以下 4 个特性:

①保密性。保密性是指信息不泄露给非授权用户、实体或过程,或供其利用的特性,即敏感数据在传播或存储介质中不会被有意或无意泄露。

②完整性。完整性是指数据未经授权不能进行改变的特性,即信息在存储或传输过程中,保持不被修改、不被破坏和丢失的特性。

③可用性。可用性是指信息可被授权实体访问并按需求使用的特性,即当需要时能允许存取所需的信息。例如,网络环境下拒绝服务、破坏网络和有关系统的正常运行等都属于对可用性的攻击。

④可控性。可控性是指对信息的传播及内容具有控制能力的特性。

2)网络安全威胁

在日益网络化的社会,网络安全问题也不断涌现。网络安全威胁指的是可能导致网络系统、网络设备和网络数据受到损害、窃取或恶意篡改的各种隐患和风险。随着信息技术的不断发展和网络的普及,网络安全威胁也日益严峻和复杂。网络安全威胁主要来源于网络黑客、恶意软件、数据泄露、网络钓鱼等多方面,给个人、企业和组织将带来严重的财产和声誉损失,甚至影响国家安全和社会稳定。

(1)网络黑客

网络黑客是指利用计算机技术和网络安全漏洞,未经授权或违反规定非法入侵他人计算机系统、网络系统或获取他人信息的人员。黑客可以窃取用户个人信息、财务信息、企业机密信息等敏感数据,破坏系统、篡改数据、发布虚假信息等,造成严重后果。

（2）恶意软件

恶意软件又称为恶意代码,包括病毒、木马、蠕虫、间谍软件等,是一种恶意攻击工具,通过隐蔽的方式侵入用户设备,进行窃取信息、破坏系统、勒索等行为。恶意软件广泛传播于互联网,给用户和组织带来了巨大的安全威胁。

（3）数据泄露

数据泄露是指未经授权地披露、泄露或外泄用户或组织的敏感数据和隐私信息。数据泄露可能是由黑客攻击、员工疏忽、系统漏洞或第三方服务商泄露等造成的,给个人隐私、商业机密和国家安全带来了极大的风险和损失。

（4）网络钓鱼

网络钓鱼是利用虚假网站、欺骗邮件、假冒短信等手段,冒充合法的实体来诱骗用户提供敏感信息(如账号、密码、银行卡号等),然后利用这些信息从事欺诈和非法活动。网络钓鱼行为屡见不鲜,给用户带来财产损失和信任危机。

（5）分布式拒绝服务（DDoS）攻击

DDoS 攻击是指通过多台主机协同工作,向目标服务器发送大量无效请求,导致服务器资源耗尽而无法正常提供服务,造成服务不可用的攻击手段。DDoS 攻击会使目标服务器瘫痪,影响正常网络服务,对企业和组织的运营和声誉造成重大损失。

（6）零日漏洞

零日漏洞是指安全研究人员发现但尚未得到官方修复补丁的漏洞,攻击者可以利用这些漏洞对系统进行攻击,对用户数据和信息进行不法侵害。零日漏洞一旦暴露,可能被黑客迅速利用,造成严重的安全漏洞。

3）计算机网络安全的内容

计算机网络安全是涉及计算机科学、网络技术、通信技术、密码技术、信息安全技术、应用数学、数论、信息论等多种学科的综合学科,它包括网络管理、数据安全及数据传输安全等很多方面。

网络安全主要是指网络上的信息安全,包括物理安全、逻辑安全、操作系统安全、网络传输安全。

（1）物理安全

物理安全是指用来保护计算机硬件和存储介质的装置和工作程序,物理安全包括防盗、防火、防静电、防雷击和防电磁泄漏等内容。

（2）逻辑安全

计算机的逻辑安全主要用口令、文件许可、加密、检查日志等方法来实现。防止黑客入侵主要依赖于计算机的逻辑安全。逻辑安全可通过以下措施来加强:

①限制登录的次数,对试探操作加上时间限制;

②把重要的文档、程序和文件加密;

③限制存取非本用户自己的文件,除非得到明确的授权;

④跟踪可疑的、未授权的存取企图。

（3）操作系统安全

操作系统分为网络操作系统和个人操作系统,其安全内容主要包括以下方面:

①系统本身的漏洞;

②内部和外部用户的安全威胁；

③通信协议本身的安全性；

④病毒感染。

（4）网络传输安全

网络传输安全是指信息在传播过程中出现丢失、泄露、受到破坏等情况。其主要内容如下：

①访问控制服务：用来保护计算机和联网资源不被非授权使用。

②通信安全服务：用来认证数据的保密性和完整性，以及各通信的可信赖性。

4）网络安全的关键技术

（1）网络加密技术

网络加密技术是一种通过对数据进行加密处理，使数据在传输过程中不易被窃取或篡改的技术。通过使用加密算法和密钥，可以有效地保护数据的机密性和完整性。网络加密技术广泛应用于网站登录、电子邮件传输、在线支付等场景，可有效防止黑客窃取用户信息和进行恶意操作。

（2）防火墙技术

防火墙是一种用来监控网络流量的安全设备，可根据预设的规则来过滤危险的网络流量，阻止恶意攻击和入侵。防火墙分为网络层防火墙、应用层防火墙和代理防火墙等多种类型，可对不同层次的网络流量进行有效的过滤和检测，增强网络安全防护能力。下一个任务将进行详细学习。

（3）入侵检测系统（IDS）和入侵防御系统（IPS）

入侵检测系统通过监控网络行为和流量，及时发现并警告可能的网络攻击行为，帮助网络管理员及时采取措施阻止入侵。入侵防御系统则是在检测到入侵行为后，自动进行阻止和清除恶意流量，以减轻攻击带来的损失。IDS 和 IPS 结合起来，可有效地提高网络安全的响应速度和防护能力。

（4）安全认证和安全监控

安全认证和安全监控也是网络安全技术中的重要组成部分。安全认证是通过对用户身份进行验证，确保只有授权用户能够访问特定资源和信息。安全监控则是对网络流量、系统运行状态和安全事件进行实时监控和分析，及时发现潜在的安全威胁，并采取应对措施。安全认证和安全监控可以帮助组织建立完善的安全管理体系，提升网络安全的整体水平。

5）计算机病毒及杀毒软件简介

（1）计算机病毒

计算机病毒是一种恶意软件，它是一段能够自我复制并传播到其他计算机系统的程序或代码。计算机病毒的工作方式类似于生物病毒，它会植入在正常的程序或文件中，通过感染这些程序或文件来传播。一旦计算机感染了病毒，它可以在用户不知情的情况下传播到其他计算机系统，对系统运行造成危害和损坏。

计算机病毒通常被黑客（攻击者）设计和利用来窃取用户信息、破坏系统功能、对系统进行勒索、进行网络攻击等恶意行为。计算机病毒可以通过各种途径传播，如电子邮件附件、恶意链接、下载软件等方式。一旦用户打开感染了病毒的文件或程序，病毒便会开始传播并散播恶意代码。

（2）杀毒软件

杀毒软件是用来检测、阻止、清除和消除计算机病毒的软件。它们通过不同的技术和方法来保护计算机系统免受病毒感染，并及时清除已存在的病毒。杀毒软件的工作原理如下：

①病毒特征检测：杀毒软件会使用病毒特征库（病毒定义库）来检测已知病毒的特征和行为。这些特征可以是病毒文件的 MD5 值、独特的代码模式、注册表项等。当杀毒软件扫描文件或系统时，会将其与病毒特征库中的数据进行比对，以确定是否存在病毒。

②行为监控：杀毒软件还可以监控程序的行为，以侦测可能的恶意活动。例如，当某个程序突然开始大量复制文件、修改注册表或向外部服务器发送数据时，杀毒软件就会发出警报并尝试阻止其行为。

③云端检测：一些杀毒软件会通过与云端服务器进行通信，实时获取最新的病毒特征信息和分析数据，从而提高病毒检测的准确性和速度。

④实时保护：杀毒软件通常提供实时保护功能，监视用户在计算机上的活动并拦截潜在的威胁，如阻止病毒下载或执行恶意代码。

⑤病毒清除和修复：一旦检测到病毒，杀毒软件会尝试清除感染的文件或程序，并修复病毒造成的损坏，使系统恢复到正常状态。

总的来说，杀毒软件通过不断更新病毒特征库、监控系统行为以及提供实时保护等手段，帮助用户防止计算机被病毒侵害，保护计算机系统安全。

【课程思政】

现在是万物互联的时代，也是信息爆炸的时代，随着网络技术及相关技术的高速发展，每个人的信息进入网络世界，这为我们提供了极大的便利，也将我们暴露在了网络世界中；同时随着信息化的发展，金融、商业、军事等国家涉密信息都面临被网络窃取的风险。近年来网络诈骗事件频发，间谍行为屡屡曝出，我们每一个人、每一个单位、每一个组织都是网络安全、信息安全的参与者和监督人，只有全民提高网络安全意识、全民学习安全技术、全民参与安全防护、全民监督网络安全事件，才能真正提高整个国家的安全防护能力！让我们每一个人从我做起，从身边人开始普及网络安全知识，坚决不做信息的泄密者，不做漏洞的创造者，不做"恶人"的帮凶，也不做恶意事件的旁观者和谣言的散播者。让我们大家共同努力，创造一个安全、正能量的网络世界！

5.2.3　课后练习

请根据自己掌握的知识，论述个人网络安全和国家网络安全之间的关系，以及我们如何通过自己的努力，提高整个国家的网络安全防护能力。要求 1 000 字以上。

任务5.3　防火墙技术

5.3.1　任务描述

防火墙是网络世界最重要的保护工具，但很多用户并不能区分杀毒软件和防火墙，甚至认为两者是一个东西，接下来就让我们详细了解一下到底什么是防火墙吧。

5.3.2　知识背景

1）防火墙的概念

防火墙（Firewall）是一种网络安全设备或软件，用于监控和控制数据流经网络的通信，以保护网络安全和隐私。防火墙通过识别、过滤和拦截潜在威胁的网络流量来阻止未经授权的访问或恶意攻击。它可以根据预设的规则来允许或拒绝特定的数据包进出网络，从而有效地建立一个安全的网络边界。防火墙可以防止恶意软件、病毒、蠕虫的入侵和其他网络攻击，同时也可以防止数据泄露和未经授权的数据传输。它是组织网络安全策略中的重要一环，对保护网络和信息安全发挥着关键作用。

2）防火墙技术

防火墙技术是一种网络安全保障手段，一种有效的网络安全机制，是保证主机和网络安全必不可少的工具。其主要目标是通过控制进、出网络的资源权限，迫使所有的连接都经过该工具的检查，防止需要保护的网络遭到外界因素的干扰和破坏。在逻辑上，防火墙是一个分离器、限制器，也是一个分析器。防火墙是网络之间一种特殊的访问控制设施，在 Internet 网络与内部网络之间设置一道屏障，防止黑客进入内部网络，用于确定哪些内部资源允许外部访问、哪些内部网络可以访问外部网络。防火墙在网络中的位置如图 5.3.1 所示。

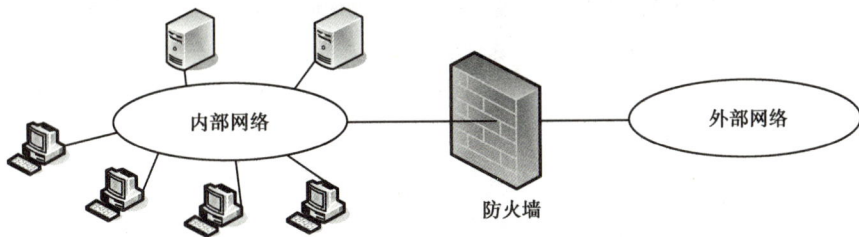

图 5.3.1　防火墙在网络中的位置

3）防火墙的分类

（1）按形态分类

按形态分类可将防火墙分为软件防火墙和硬件防火墙两种。两类防火墙的对比如图 5.3.2所示。

	软件防火墙	硬件防火墙
使用环境	只有防火墙软件，需要额外的操作系统	硬件和软件的集合，不需要额外的操作系统
安全依赖性	依赖低层操作系统	依赖于专用的操作系统
网络适应性	弱	强
稳定性	高	较高
软件升级	方便灵活	更新不太灵活

图 5.3.2　软件防火墙和硬件防火墙对比

（2）按保护对象分类

按保护对象分类可将防火墙分为网络防火墙和单机防火墙两种。两类防火墙对比如图 5.3.3 所示。

	单机防火墙	网络防火墙
产品形态	软件	硬件或软件
安装点	单台主机	网络边界
安全策略	分散在各安全点	对整个网络有效
保护范围	单台主机	一个网段
管理方式	分散管理	集中管理
功能	单一	复杂多样
安全措施	单点	全局

图 5.3.3　单机防火墙和网络防火墙对比

（3）按使用的核心技术分类

按使用的核心技术分类可把防火墙分为包过滤防火墙（根据流经防火墙的数据包头信息，决定是否允许该数据包通过）、状态检测防火墙、应用代理防火墙、复合型防火墙。

4）防火墙的优缺点

（1）防火墙的优点

①提供基本的网络安全防护：防火墙可以有效地屏蔽网络中的恶意流量，防止未经授权的访问和攻击进入网络，提供基本的网络安全防护。

②控制网络访问权限：防火墙可以根据预设的规则和策略来控制网络访问权限，保障网络资源不被未授权用户访问。

③提高网络性能：通过对网络流量进行有效的过滤和控制，防火墙可以提高网络的性能，减少网络拥堵。

④日志记录和安全审计：防火墙可以记录网络流量和安全事件，提供日志记录和安全审计功能，帮助管理员识别网络安全问题并及时处理。

⑤支持定制化安全策略：管理员可以根据实际需求设定防火墙的安全策略，定制化防护措施，适应不同网络环境和需求。

（2）防火墙的缺点

①单点失效：防火墙作为网络中的关键设备，一旦发生故障或被攻击，可能导致整个网络暴露于风险之中。

②无法完全阻止零日攻击：防火墙主要基于预设规则进行过滤，对于零日攻击等未知威胁的防范能力有限。

③可能产生误报：防火墙在过滤网络流量时，可能会误判正常的流量为恶意流量，导致误报或阻止合法访问。

④配置复杂：一些高级功能和配置对于普通用户来说可能较为复杂，需要专业知识和经验才能正确配置和管理。

⑤不适合加密流量检测：传统防火墙在检测和过滤加密流量时可能存在局限性，无法深入分析加密数据包内部的内容。

5）常用的防火墙实现策略

常用的防火墙实现策略包括以下几种：

①基于端口的防火墙策略:根据网络通信的端口号来过滤数据包。可以设置哪些端口可以被访问,哪些端口需要被关闭,从而限制网络流量。

②基于 IP 地址的防火墙策略:根据源 IP 地址和目标 IP 地址来过滤数据包。可以通过设置允许或拒绝的 IP 地址列表来实现对特定 IP 地址的访问控制。

③基于域名的防火墙策略:可以根据域名进行过滤,可以根据访问的域名对数据包进行检查和处理,以确保只有合法的域名可以被访问。

④应用层防火墙策略:利用深度包检测技术,可以检查数据包的应用层协议内容,如 HTTP 请求、FTP 命令等,从而更精细地控制数据包的访问。

⑤双向防火墙策略:针对网络流量进行双向检查,不只是对外部数据流入进行控制,还会针对内部向外部的流量进行检查和过滤。

⑥VPN(虚拟专用网络)防火墙策略:支持 VPN 的防火墙可以通过加密和验证技术来实现安全的远程访问,保护数据在公共网络中的传输安全。

⑦入侵检测/防御系统(IDS/IPS)集成策略:在防火墙中集成 IDS 和 IPS 功能,可以及时检测和阻止恶意流量,提高网络安全性。

⑧蜜罐技术:在网络环境中设置虚假的服务节点,吸引攻击者,可以让防火墙收集攻击信息、分析攻击方法,并及时进行应对。

这些防火墙实现策略可以根据实际需求和安全风险来选择和配置,综合使用可以提高网络的安全性和可靠性。

6)防火墙系统的结构

防火墙系统的结构通常包括以下组件:

①网络边界:防火墙系统部署在网络边界位置,将内部网络和外部网络进行隔离。网络边界是防火墙系统的第一道防线,用于监控和过滤进出网络的所有数据流量。

②防火墙设备:防火墙设备是防火墙系统的核心组件,负责实施网络安全策略、检测和过滤网络流量。防火墙设备可以是硬件设备、虚拟防火墙或在网络设备上部署的软件防火墙。

③管理控制台:管理控制台是用于配置、监控和管理防火墙系统的用户界面。管理员可以通过管理控制台设置安全策略、观察网络流量和实施安全措施。

④安全策略:安全策略是防火墙系统的核心组成部分,包括访问控制规则、身份验证方式、加密规则等,用于确定哪些数据包允许通过防火墙,哪些需要被阻止。

⑤日志记录与审计:防火墙系统会产生各种事件日志,包括安全事件、攻击尝试、流量统计等信息。管理员可以通过审计日志来查看系统运行情况,排查问题,以及进行安全事件响应。

⑥更新与维护:防火墙系统需要定期更新安全规则、签名库、软件程序以应对新的威胁和漏洞。同时需要定期维护设备、进行性能优化、定期扫描漏洞等操作。

⑦备份与灾难恢复:防火墙系统需要进行定期备份,确保配置文件等重要数据的安全性。同时需要建立完善的灾难恢复计划,在发生故障或攻击时能够及时恢复系统。

这些组件协同工作,构成了一个完整的防火墙系统结构,保护网络安全、预防网络攻击和数据泄露。

5.3.3 知识拓展

杀毒软件和防火墙是网络安全中常见的两种安全工具,它们针对不同的安全威胁和攻击手段,有不同的作用和功能。以下是杀毒软件和防火墙的对比:

(1)功能

①杀毒软件:主要功能是检测、阻止和清除计算机系统中的病毒、恶意软件、间谍软件等恶意代码。杀毒软件通常会扫描文件系统、网络流量和电子邮件等传输途径,以防止恶意软件的传播和感染。

②防火墙:主要功能是控制数据包在网络中的流动,根据安全策略过滤网络流量并阻止未经授权的访问。防火墙可以监控和管理网络通信,防范网络攻击、入侵以及未授权的访问。

(2)范围

①杀毒软件:主要用于在终端设备上防范恶意软件,如计算机、笔记本电脑、智能手机等。

②防火墙:作用范围更广泛,包括保护整个网络中的数据传输,可在网络边界、内部网络等位置部署。

(3)工作原理

①杀毒软件:通过对文件的扫描和检测,识别恶意软件的特征,基于病毒特征库进行判断并清除恶意软件。

②防火墙:通过设置安全规则,检查数据包的源、目标地址、端口等信息,根据指定的安全策略决定是否允许或拒绝数据包通过防火墙。

(4)协同作用

①互补性:杀毒软件和防火墙通常是配合使用的,可提供综合的安全保护。杀毒软件负责阻止恶意软件感染终端设备,防火墙则负责阻止网络攻击进入网络。

②集成性:一些综合安全解决方案中可能集成了杀毒软件和防火墙功能,提供更全面的安全保护。

总的来说,杀毒软件和防火墙在网络安全中扮演着不同但相辅相成的角色。杀毒软件主要针对恶意软件的防范,而防火墙主要封堵网络攻击和非法访问。综合使用两者能够提高网络系统的安全性和韧性。

【课程思政】

防火墙和杀毒软件功能完全不同,但都是网络安全体系中重要的组成部分。网络安全技术是所有网络技术的集大成者,需要相关人员达到"工匠级"的技术水准,其中尤其是防火墙的使用和设置牵扯到安全策略,更需要有极强的综合技术和能力。当前是网络信息"爆炸"的时代,网络安全管理人员有很大的缺口,希望有兴趣的读者能深研相关技术,为国家网络安全尽自己的力量。

5.3.4 课后练习

判断题

1.防火墙是杀毒软件的一种。(　　　)

2.防火墙是一种软件。(　　　)

附表 思科模拟器常用完整命令与一般简写对照表（仅本书涉及的相关操作）

命令功能	完整命令	常用简写
切换到特权模式	enable	en
切换到全局配置模式	configure terminal	conf t
创建 vlan	vlan（vlan 号）	vl（vlan 号）
查看 vlan 配置	show vlan	sh vl
进入（连续）端口	intface（range）（端口号/端口号区间）	int（ra）（端口号/端口号区间）
设置端口模式为接入	switchport mode access	swi mo acc
设置端口模式为级联	switchport mode trunk	swi motr
端口接入 vlan	Switchport access vlan（vlan 号）	Swi acc vl（vlan 号）
查看端口状态	show running	sh ru
进入三层交换机三层虚拟端口	interface vlan（vlan 号）	int vl（vlan 号）
设置设备端口 ip 地址	ip address（ip 地址）（子网掩码）	ip add（ip 地址）（子网掩码）
开启端口	no shutdown	no shut
查看路由表	show ip route	sh ip ro
路由器子端口申明协议	encapsulation dot1q（vlan 号）	en dot1q（vlan 号）
三层交换机开启路由功能	ip routing	ip routi
配置静态路由	ip route（目标网段号）（子网掩码）（下一跳 ip 地址）	不能简写
启用路由进程	router（路由类型 rip、ospf 等）	ro（路由类型 rip、ospf 等）
动态路由发布直连网段	network（网络信息）	net（网络信息）

参考文献

［1］龚娟，栾婷婷，王昱煜. 计算机网络基础：微课版［M］. 4 版. 北京：人民邮电出版社，2022.

［2］齐英兰. 计算机网络基础与应用［M］. 郑州：河南科学技术出版社，2020.

［3］宋一兵. 计算机网络基础与应用［M］. 3 版. 北京：人民邮电出版社，2019.